高等学校规划教材·计算机工程建模实例系列教程

Photoshop 图像处理实例教程

主　编　曹　岩

副主编　李明雨　赵　林　李　勇

编　者　李明雨　赵　林　李　勇

顾立林　王建中　肖海波

西北工业大学出版社

【内容简介】本书从使用者的角度出发，通过融经验技巧于一体的典型实例的讲解，系统深入地介绍了 Photoshop 图像处理的主要功能及方法，包括图像处理基础与系统概论、壁纸设计、宣传海报设计、包装设计、数码照片的处理和润饰、实物制作、广告设计、照片与图形图像的处理、特效字体制作、特效制作、肌理特效、绘画等内容。

本书内容新颖实用，实例丰富，可供从事图形图像、数码摄影、平面设计、广告设计、电脑美术、影视制作、动画合成、网页及多媒体设计等领域不同层次的用户以及大专院校师生参阅，也可作为培训班的培训教材。

图书在版编目（CIP）数据

Photoshop 图像处理实例教程/曹岩主编. —西安：西北工业大学出版社，2010.11
ISBN 978-7-5612-2946-0

Ⅰ．①P…　　Ⅱ．①曹…　　Ⅲ．①图形软件，Photoshop—高等学校—教材　　Ⅳ．①TP391.41

中国版本图书馆 CIP 数据核字（2010）第 230529 号

出版发行：西北工业大学出版社
通信地址：西安市友谊西路 127 号　　　　　邮编：710072
电　　话：(029) 88493844　88491757
网　　址：www.nwpup.com
电子邮箱：computer@nwpup.com
印 刷 者：陕西兴平报社印刷厂
开　　本：787 mm×1 092 mm　　1/16
印　　张：13.5
字　　数：356 千字
版　　次：2010 年 11 月第 1 版　　　2010 年 11 月第 1 次印刷
定　　价：25.00 元

前　　言

　　Photoshop 是 Adobe 公司的图像处理软件，是图像处理业界的有力工具，它提供最专业的图像编辑与处理功能。Photoshop CS4 软件增加了很多新功能，硬件加速功能通过显卡来加快图片处理的速度，可用于绘制路径、缩放和旋转画布等。Photoshop CS4 集成了很多全新图像处理技术，并简化了操作，如智能缩放、自动对齐以及在 360°范围内自动弯曲模式等，使图像处理更加简洁、快速，大幅地提高了工作效率。

　　本书从使用者的角度出发，通过融经验技巧于一体的典型实例讲解，系统地介绍了 Photoshop 图像处理的主要功能、方法与过程。其主要内容包括：

　　（1）第 1 章　图像处理基础与系统概论。介绍图像处理基础、Photoshop 功能、环境、操作基础等方面的基础内容。

　　（2）第 2 章　壁纸设计。介绍如何用 Photoshop 设计壁纸。

　　（3）第 3 章　宣传海报设计。海报作为一种视觉传达艺术，最能体现出平面设计的形式特征。介绍如何用 Photoshop 设计各类海报。

　　（4）第 4 章　包装设计。包装是商品的容器或包裹物。包装的设计要突出品牌，将色彩、文字和图形巧妙地组合，形成有一定冲击力的视觉形象，将产品的信息传递给消费者。介绍如何用 Photoshop 进行包装设计。

　　（5）第 5 章　数码照片的处理和润饰。介绍如何用 Photoshop 处理数码照片，为照片添加各种效果以及照片调色等。

　　（6）第 6 章　实物制作。介绍如何用 Photoshop 制作实物、景色等的技巧。

　　（7）第 7 章　广告设计。介绍如何处用 Photoshop 来进行广告设计，为广告添加特殊效果等。

　　（8）第 8 章　照片与图形图像的处理。介绍照片与图形图像的处理等方面的内容，包括变换图像，图像的抽出、剪切、复制、清除、描边、填充、液化、色彩调整和修复过暗照片。

　　（9）第 9 章　特效字体制作。特效字体多种多样，介绍特效字体的制作以及常用的方法。

　　（10）第 10 章　特效制作。特效是指一些特别的艺术效果，介绍特效的制作及常用的方法。

　　（11）第 11 章　肌理特效。利用"滤镜"和"图层样式"可以制作出水波、墙体、土地、树木等肤色、纹理特征的图像，介绍肌理特效的制作及制作肌理特效常用的方法。

　　（12）第 12 章　绘画。绘画艺术是利用 photoshop 制作图像的重要方法和手段，介绍绘画的制作及常用的方法。

　　本书内容新颖实用，实例丰富，可供从事图形图像、数码摄影、平面设计、广告设计、电脑美术、影视制作、动画合成、网页及多媒体设计等领域不同层次的用户以及大专院校师生参阅，也可作为培训班的培训教材。

　　本书由曹岩主编，李明雨、赵林、李勇为副主编。具体编写分工为：第 1 章由李明雨编写；第 2～4 章由赵林、顾立林编写；第 5～7 章由赵林、肖海波编写；第 8 章由王建中编写；第 9～12 章由李勇编写。

由于水平及使用该软件的经验有限，书中疏漏之处在所难免，望各位读者不吝赐教，在此深表感谢。

编　者

2010 年 10 月

目　　录

第1章 图像处理基础与系统概论

【内容】

本章主要介绍图像处理基础、Photoshop 功能、环境、操作基础等方面的基础内容。

【目的】

为下面各章提供知识基础和操作基础。

1.1 Photoshop CS4 界面介绍

安装好 Photoshop CS4 软件后，双击安装后的运行程序图标（或者从 Windows 的"开始"菜单的"所有程序"中选择 Photoshop CS4）运行 Photoshop CS4 程序，程序运行过程中的显示效果如图 1.1 所示，程序运行界面如图 1.2 所示。

图 1.1 程序运行过程中的界面

图 1.2 程序运行界面

1.1.1 菜单栏

菜单栏中包含了 Photoshop CS4 中各种常用的操作命令。其中包括文件操作、编辑操作、图像操作、图层操作、选择操作、滤镜操作、分析操作、视图操作、窗口操作和帮助。菜单栏的默认显示效果如图 1.3 所示。

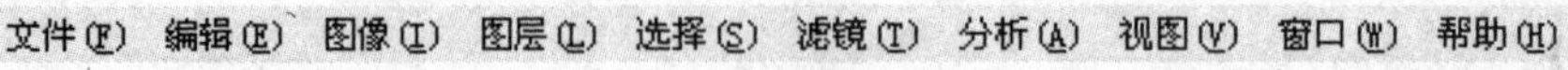

图 1.3　菜单栏的默认显示效果

1.1.2 工具箱

工具箱中包含了 Photoshop CS4 中各种常用的工具。其中包括绘图工具、选择工具、画笔工具，以及切换到 ImageReady 等。通过菜单栏"窗口"中的"工具"选项可以控制工具箱的显示和隐藏。工具箱的默认显示效果如图 1.4（a）所示。通过单击工具箱上面的"切换"按钮，可以将工具箱切换到两列的排列方式，其显示效果如图 1.4（b）所示。

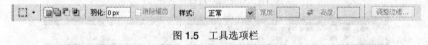

（a）　　　　　　　　　　　　　　　　　　　　　　　　　（b）

图 1.4　工具箱按钮

1.1.3 工具选项栏

工具选项栏用来设置 Photoshop CS4 中各种常用工具的参数。其中根据选取的工具不同，参数的选择也有所区别。工具选项栏的显示效果如图 1.5 所示。

图 1.5　工具选项栏

1.1.4 面板

面板用来显示和控制 Photoshop CS4 中各种参数的设置。其中包括导航器、图层、颜色和历史记录等。面板的显示效果如图 1.6 所示。

图 1.6　面板的显示效果

1.1.5　画布窗口

画布窗口用来显示 Photoshop CS4 中要处理或制作的图像，其显示效果如图 1.7（a）所示。用户可以通过拖动的方法，来更改窗口显示的大小，更改大小后的窗口显示效果如图 1.7（b）所示。

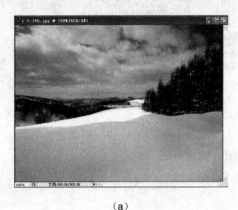 

（a）　　　　　　　　　　　　　　　（b）

图 1.7　画布窗口显示效果

1.2　Photoshop CS4 的基本操作

Photoshop CS4 的基本操作包括新建文件、打开文件、存储文件、图像预览、使用标尺、参考线等内容。

1.2.1　新建文件

执行"文件"→"新建"命令，打开"新建"对话框，如图 1.8 所示。

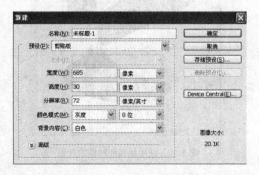

图 1.8　"新建"对话框

1.2.2　打开文件

执行"文件"→"打开"命令，打开"打开"对话框，如图 1.9（a）所示。在"打开"对话框中，选择 Photoshop CS4 可以打开的文件格式，如图 1.9（b）所示。

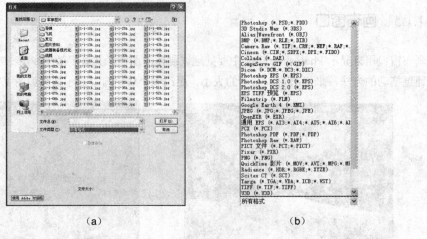

（a）　　　　　　　　　　　　（b）

图 1.9　"打开"对话框

1.2.3　存储文件

制作好图像内容后，就可以存储文件了。单击菜单栏中的"文件"按钮，在弹出的下拉菜单中通常有三个选项，即"存储""存储为""存储为 Web 和设备所用格式"。

1.2.4　使用标尺、参考线和网格

标尺、参考线和网格是制作图像文件的辅助设置。通过标尺、参考线和网络，可以方便地了解图像内容的相关信息，但同时也会影响图像的显示效果。使用标尺和网格的方法如图 1.10 所示。

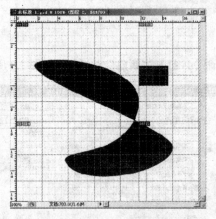

图 1.10　使用标尺和网格的效果

1.3　选　取　图　像

选取图像并进行相应的处理，是处理和制作图像的基本操作。图像的选取可以使用工具箱中的各种"选取"工具，也可以使用"钢笔"等路径工具，将其转化为选区，还可以使用通道等来辅助选取。下面进行详细讲解。

1.3.1 选区的基础知识

在 Photoshop 中，选区中的内容为当前编辑的内容。当对该内容进行处理时，对选区以外的内容并不影响。这样就可以方便地处理文件中的部分内容。选区的形状并不固定，灵活地使用各种工具，可以制作出任何形状的选区。如图 1.11 所示。

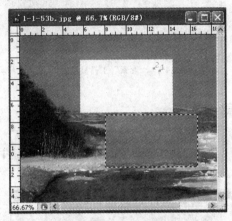

图 1.11 使用选区的效果

1.3.2 使用选框工具

右击工具栏中的"矩形选框"工具，可以打开"选框"工具的下拉菜单，列表中有 4 个可以选择的"选框"工具。选择"矩形选框"工具，按住鼠标左键，可以拖拽出矩形的选区，产生的矩形以鼠标的起点和终点为对角线，如图 1.12 所示。

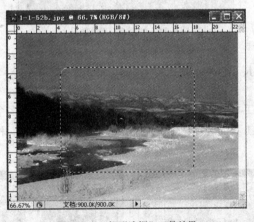

图 1.12 "矩形选框"工具效果

1.3.3 使用套索工具

右击工具栏中的"套索"工具，打开"套索"工具的下拉菜单，列表中有三个可以选择的工具。选择"套索"工具，按住鼠标左键，可以拖拽出相应的选区。如果拖拽时鼠标所经过的路径不能封闭，则会在鼠标的起点和终点之间形成一个封闭的选区，其显示效果如图 1.13 所示。

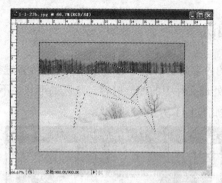

图 1.13 "套索"工具显示效果

1.3.4 使用魔棒工具

　　右击工具栏中的"魔棒"工具，打开"魔棒"工具的下拉菜单，其中有两个可以选择的工具，分别是快速选择工具和魔棒工具。使用效果如图 1.14 所示。

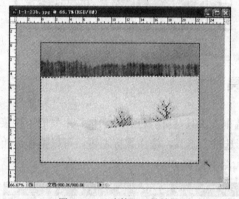

图 1.14 "魔棒"工具效果

1.3.5 选区的相加、相减和交叉

　　在以上使用的"选取"工具中，都是对单独选区的操作。如果涉及多个选区，就要涉及到选区的相加、相减和交叉。在每个工具的选项栏中的左侧，都含有选区的相加、相减和交叉的选项。显示效果如图 1.15 所示。

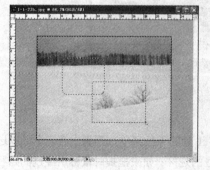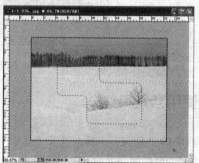

图 1.15 "选取"工具效果

两个选区相减和交叉的显示效果如图 1.16 所示。

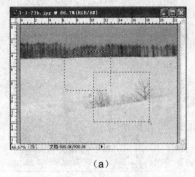 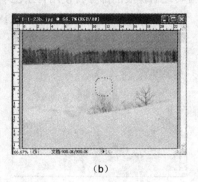

　　　　　　（a）　　　　　　　　　　　　　　　　　（b）

图 1.16　两个选区相减和交叉的显示效果

1.4　图　像　处　理

图像处理菜单是 Photoshop 中很重要的菜单，可以用来裁剪图像，改变图像大小，改变画布大小，调整图像显示效果等。下面进行详细讲解。

1.4.1　图像的模式

执行"图像"→"模式"命令，可以选择图像的颜色模式。

在不同的色彩模式下，图像的显示效果也会不同，同时图像的模式也影响图像的处理。一般网页中的 GIF 格式图像，使用的是索引颜色模式。在索引颜色模式中，无法使用新建图层等操作，所以一般都要更改图像模式为 RGB 模式，然后再进行处理。

1.4.2　图像和画布的大小

图像大小是指包含所有图层的图像文件内容的大小。下面是一个背景为黑色的，包含两个图层的图像文件，其图层面板的显示效果如图 1.17 所示。

图 1.17　图层面板的显示效果

1.4.3　旋转画布和裁剪图像

执行"图像"→"旋转画布"命令，可以旋转图像背景。旋转画布之后，所有图层中的内容都将一起旋转。旋转之后扩展的部分将使用背景色填充。裁剪图像时要先建立选区。裁剪的时候，将根据选区的大小，裁剪掉选区之外的内容。如图 1.18 所示。

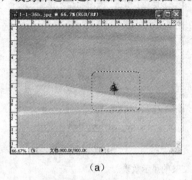
（a）

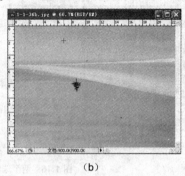
（b）

图 1.18　旋转画布和裁剪图像效果

1.4.4　调整色阶

执行"图像"→"调整"→"色阶"命令，打开"色阶"对话框，如图 1.19 所示。调整前后的效果如图 1.20 所示。

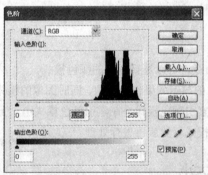

图 1.19　"色阶"对话框

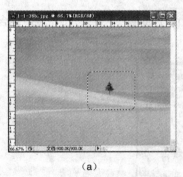
（a）

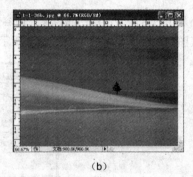
（b）

图 1.20　调整前后的效果

1.4.5　调整曲线

执行"图像"→"调整"→"曲线"命令，打开"曲线"对话框，如图 1.21 所示。调整前后的效果如图 1.22 所示。

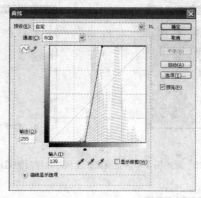

图 1.21　"曲线"对话框

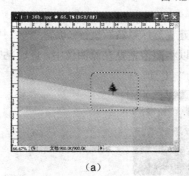

（a）

（b）

图 1.22　调整前后的效果

1.4.6　调整色彩平衡

执行"图像"→"调整"→"色彩平衡"命令，打开"色彩平衡"对话框，如图 1.23 所示。

1.4.7　调整色相/饱和度

执行"图像"→"调整"→"色相/饱和度"命令，打开"色相/饱和度"对话框，如图 1.24 所示。

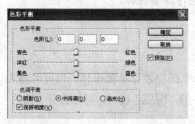

图 1.23　"色彩平衡"对话框

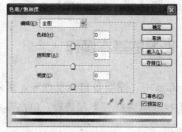

图 1.24　"色相/饱和度"对话框

1.4.8　调整亮度/对比度

执行"图像"→"调整"→"亮度/对比度"命令，打开"亮度/对比度"对话框。在"亮度/对比度"对话框中，亮度和对比度的取值范围都是从－100～100。原始图像和调整图像亮度和对比度后的显示效果如图 1.25 所示。

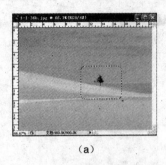
（a）

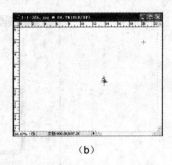
（b）

图 1.25　原始图像和调整图像亮度和对比度后的显示效果

1.4.9　复制、粘贴、移动图像

在复制、粘贴和移动图像的时候，首先要在图像上建立选区，然后执行"编辑"→"拷贝"命令，完成图像的复制。如果此时再执行"粘贴"命令，就可以将图像粘贴在原图像中，此时粘贴的图像会显示在新的图层中。移动图像要使用工具箱中的"移动"工具。

图 1.26　移动图像的显示效果

1.5　使　用　图　层

图层是 Photoshop 中非常重要的内容。在制作网页效果图时，要使用几十甚至上百个图层，同时网页中很多特殊的效果都要通过图层来实现。下面进行详细讲解。

1.5.1　图层的基本操作

在 Photoshop 中，图层各自相互独立，可以对每个图层进行单独操作，也可以将几个图层合并为一个，方便地对图层进行分类和管理。单击菜单栏中的"图层"按钮，可以打开"图层"的下拉菜单，如图 1.27 所示。

图 1.27　"图层"按钮

1.5.2　图层的分组

在制作网页效果图的时候，合理地对图层进行分类管理，会使制作更加方便、有条理。在图层面板中，单击"新建图层组"按钮，如图 1.28 所示。

图 1.28　"新建图层组"按钮

1.5.3　图层的色彩模式

在使用图层的时候，经常会使用到色彩模式。选中背景层以外的一个图层，在图层面板的上部，可以打开"色彩模式"下拉菜单。在"色彩模式"下拉菜单中，可以选择当前图层和下一个可见图层之间的色彩模式。

1."正常"模式

在"正常"模式下，将按照图层的不透明度覆盖下一层图像。"正常"模式是制作图像时最常使用的模式。

2."溶解"模式

在"溶解"模式下，将图层的颜色随机地覆盖在区域内。"溶解"模式也会受到不透明度的影响。一个使用"溶解"模式的示例如图 1.29 所示。

3."变暗"模式

在"变暗"模式下，如果上层颜色暗，则保留该颜色；如果下层颜色暗，则用下层颜色代替上层颜色，其显示效果如图 1.30 所示。

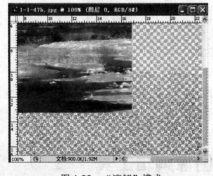

图 1.29　"溶解"模式

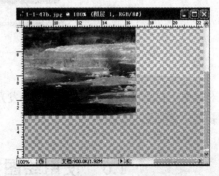

图 1.30　"变暗"模式

4."颜色加深"模式

在"颜色加深"模式下，将上层颜色的明亮度减去下面图层的明亮度，产生一种暗化处理的效果，其显示效果如图 1.31 所示。

5. "颜色"模式

在"颜色"模式下，只对明度进行处理，而保留色相和饱和度，其显示效果如图 1.32 所示。

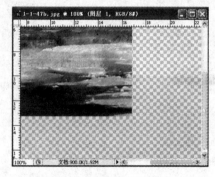
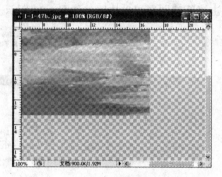

图 1.31　"颜色加深"模式　　　　　　　　图 1.32　"颜色"模式

1.5.4　图层的样式

使用图层样式可以制作出各种特殊的效果，包括阴影、描边、发光等。选中某个图层，在图层面板的下部，单击"图层样式"按钮，选择"混合选项"，或者双击图层，可以打开"图层样式"对话框，如图 1.33 所示。

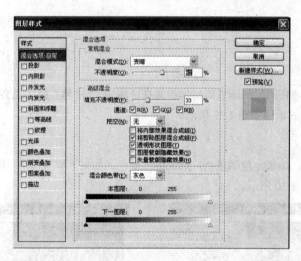

图 1.33　"图层样式"对话框

其他对话框还有样式、投影、内阴影、外发光、内发光、斜面和浮雕、光泽、颜色叠加、渐变叠加、图案叠加、描边等。

1.6　使用绘图与图像编辑工具

在 Photoshop 的工具箱中，包含很多绘制和编辑图像的工具，其中包括"画笔"工具、"图章"工具、"填充"工具等。下面进行详细讲解。

1.6.1　"画笔"工具

"画笔"工具包括"画笔"工具和"铅笔"工具，使用"画笔"工具可以制作各种线条、图形，同时也可以定义画笔的显示效果。下面分别进行讲解。

1．"画笔"工具

"画笔"工具一般用来绘制柔和的线条，使用的颜色为当前定义的前景色。

2．"铅笔"工具

"铅笔"工具和"画笔"工具基本相同，一般用来制作比较生硬的线条。其工具选项栏存在着一点区别，如图 1.34 所示。

图 1.34　"铅笔"工具

1.6.2　"图章"工具

"图章"工具包括"仿制图章"工具和"图案图章"工具，使用"图章"工具，可以方便地复制和修改图像。下面分别进行讲解。

1．"仿制图章"工具

"仿制图章"工具可以将图像中的部分内容复制到其他位置或图像中。如图 1.35 所示。

2．"图案图章"工具

"图案图章"工具可以将定义好的图案复制到其他位置或图像中。如图 1.36 所示。

图 1.35　"仿制图章"工具　　　　　　图 1.36　"图案图章"工具

1.6.3　"填充"工具

"填充"工具包括"油漆桶"工具和"渐变"工具，它的主要作用就是使用前景或者背景颜色填充图层的相应区域。下面分别进行讲解。

1．"渐变"工具

"渐变"工具用来向选区中添加一种渐变颜色。选择工具箱中的"渐变"工具，如图 1.37 所示。

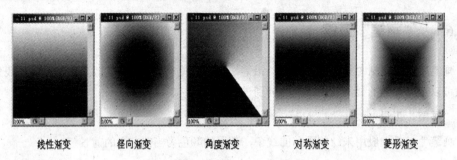

线性渐变　　　径向渐变　　　角度渐变　　　对称渐变　　　菱形渐变

图 1.37　"渐变"工具效果

2. "油漆桶"工具

"油漆桶"工具用来向选区中填充一种单一的颜色。如图 1.38 所示，图（a）为使用前效果，图（b）为使用后效果。

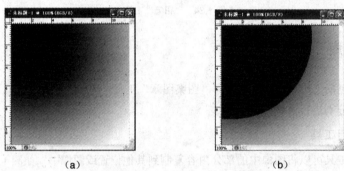

（a）　　　　　　　　　　　　　　　　　（b）

图 1.38　"油漆桶"工具效果

1.7　处　理　文　本

文本的处理，在使用 Photoshop 制作网页时十分重要，其中包括使用"文本"工具，以及使用字体、文字面板等。下面进行详细讲解。

1.7.1　"文本"工具

"文本"工具包括 4 个子选项，分别为横向文本、纵向文本、横向文本选区和纵向文本选区。如图 1.39 所示。

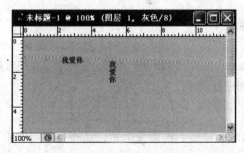

图 1.39　文本工具显示效果

1.7.2 字符和段落面板

单击"文字"工具选项栏右侧的"字符/段落"按钮，可以打开字符和段落面板，如图 1.40 所示。

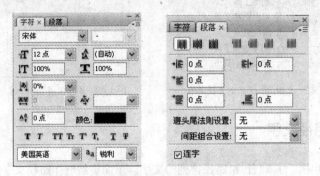

图 1.40 字符和段落面板

1.8 使 用 路 径

使用"路径"工具可以方便地制作出各种图形、圆角、边框等。"路径"工具包括"图形"工具、"钢笔"工具等。下面进行详细讲解。

1.8.1 "图形"工具

右击工具箱中的"图形"工具，打开"图形"工具的下拉菜单，其中包括矩形、圆角矩形、椭圆、直线、多边形等几个图形。

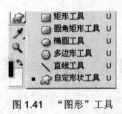

图 1.41 "图形"工具

1.8.2 路径面板

使用"图形"工具（或其他路径工具）绘制的路径，都会显示在路径面板中。其中，白色部分表示路径所包含的区域。右击路径面板中的路径可以打开下拉菜单，在该菜单中，通常使用的选项有建立选区、填充路径、描边路径。

1.8.3 "钢笔"工具

右击工具箱中的"钢笔"工具，可以打开"钢笔"工具的下拉菜单，如图 1.42 所示，其中包括"钢笔"工具，以及修改钢笔路径的相关工具。图 1.43 为钢笔工具显示效果。

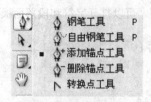

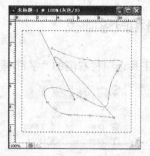

图 1.42　"钢笔"工具的下拉菜单　　　　图 1.43　钢笔工具显示效果

1.8.4　制作路径文字

在 Photoshop CS4 中，可以制作沿路径排列的文字。下面讲解制作路径文字的方法。

步骤 1：首先用钢笔工具绘制出一条曲线，如图 1.44 所示。

步骤 2：然后选取横排文字工具，在曲线上点击就可输入文字。如图 1.45 所示。

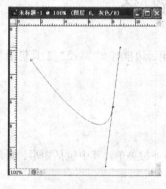

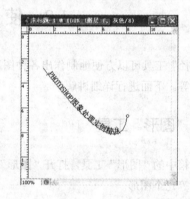

图 1.44　步骤 1　　　　　　　　　　图 1.45　步骤 2

1.9　通　　道

执行"窗口"→"通道"命令，打开通道面板，在 RGB 模式下，打开图像的默认通道有 4 个。其中，RGB 通道是一个虚拟通道，红、绿、蓝分别为三原色的通道，可以独立显示。如图 1.46 所示。

（a）　　　　　　　　　　　　　（b）

图 1.46　通道使用效果

1.10 使 用 滤 镜

使用滤镜可以方便地制作出各种特殊的效果。Photoshop CS4 中自带了很多滤镜,包括"模糊""像素化""渲染"等。下面进行详细讲解。

1.10.1 滤镜工具的操作

选择"滤镜"菜单,可以打开"滤镜"的下拉菜单,其中包括了所有可以使用的滤镜。使用滤镜可以方便地制作出各种图像效果,下面进行详细介绍。

1.滤镜的作用范围

用滤镜来处理当前图层中选取的内容。如图 1.47 所示。

（a） （b）

图 1.47 使用滤镜的效果

2.外部滤镜的使用

Photoshop CS4 中自带了近百种滤镜,但有些时候需要某些特殊的效果,也可以使用外部的滤镜。在 Photoshop CS4 中,使用外部滤镜的方法很简单,只需将下载的外部滤镜(一般文件的后缀名为.8bf)复制并粘贴到 Photoshop CS4 安装目录的"滤镜"文件夹中,就可以使用了。

1.10.2 滤镜的使用

在 Photoshop CS4 中,自带的滤镜分为 13 组,除此之外还有 5 个独立的滤镜。单击菜单栏中的"滤镜"按钮,打开"滤镜"下拉菜单。在下拉菜单中,显示了所有的独立滤镜和滤镜组。下面通过示例讲解其中常用的滤镜组和滤镜。

1."风格化"滤镜组

"风格化"滤镜组主要用来移动和置换图像像素,产生各种风格的图像效果,其中包括"查找边缘""等高线""风""浮雕效果""扩散""拼贴""曝光过度""凸出""照亮边缘"等 9 个滤镜。如图 1.48 所示为应用"浮雕效果"滤镜的显示效果。

2."画笔描边"滤镜组

"画笔描边"滤镜组主要用来处理图像的边缘,产生强化边缘等显示效果,其中包括"成角的线条""墨水轮廓""喷溅""喷色描边""强化的边缘""深色线条""烟灰墨""阴影线"等 8 个滤镜。如图 1.49 所示为应用"喷溅"滤镜的显示效果。

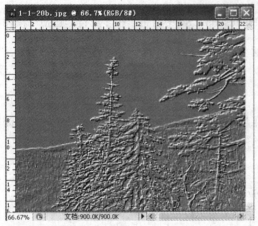

图 1.48　"浮雕效果"滤镜显示效果　　　　　图 1.49　"喷溅"滤镜显示效果

3. "模糊"滤镜组

"模糊"滤镜组主要用来减小图像像素之间的对比度,产生模糊的显示效果,其中包括"表面模糊""动感模糊""方框模糊""高斯模糊""进一步模糊""径向模糊""镜头模糊""模糊""平均""特殊模糊""形状模糊"等 11 个滤镜。如图 1.50 所示为应用"方框模糊"滤镜的显示效果。

4. "扭曲"滤镜组

"扭曲"滤镜组主要用来使图像产生几何扭曲效果,其中包括"波浪""波纹""玻璃""海洋波纹""极坐标""挤压""镜头校正""扩散亮光""切变""球面化""水波""旋转扭曲""置换"等 13 个滤镜。如图 1.51 所示为应用"玻璃"滤镜的显示效果。

图 1.50　"方框模糊"滤镜显示效果　　　　　图 1.51　"玻璃"滤镜显示效果

5. "像素化"滤镜组

"像素化"滤镜组的作用主要是将图像制作成区块的效果,其中包括"彩块化""彩色半调""点状化""晶格化""马赛克""碎片""铜版雕刻"等 7 个滤镜。如图 1.52 所示为应用"彩色半调"滤镜的显示效果。

6. "渲染"滤镜组

"渲染"滤镜组的作用主要是产生光感的显示效果,其中包括"分层云彩""光照效果""镜头光晕""纤维""云彩"等 5 个滤镜。如图 1.53 所示为应用"分层云彩"滤镜的显示效果。

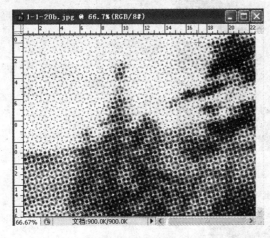

图 1.52　"彩色半调"滤镜显示效果　　　　　　　图 1.53　"分层云彩"滤镜显示效果

7. "杂色"滤镜组

"杂色"滤镜组的作用主要是产生杂色和划痕的显示效果,其中包括"减少杂色""蒙尘与划痕""去斑""添加杂色""中间值"等 5 个滤镜。如图 1.54 所示为应用"减少杂色"滤镜的显示效果。

8. "其他"滤镜组

"其他"滤镜组包括"高反差保留""位移""自定""最大值""最小值"5 个滤镜。如图 1.55 所示为应用"高反差保留"滤镜的显示效果。

图 1.54　"减少杂色"滤镜显示效果　　　　　　　图 1.55　"高反差保留"滤镜显示效果

9. "抽出"滤镜

选择"滤镜"下拉菜单中的"抽出"选项,打开"抽出"对话框。如图 1.56 所示。

10. "液化"滤镜

选择"滤镜"下拉菜单中的"液化"选项,打开"液化"对话框,如图 1.57 所示。

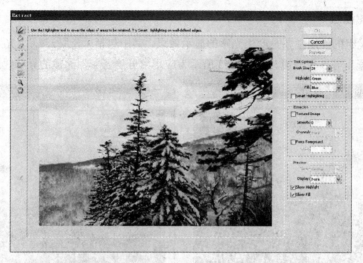

图 1.56　"抽出"滤镜对话框

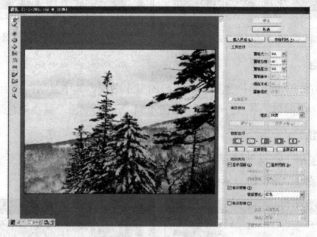

图 1.57　"液化"滤镜对话框

思　考　题

1. Photoshop CS4 界面由哪些要素构成？
2. 如何新建文件、打开文件和存储文件？
3. 如何选取图像？
4. 图像处理功能有哪些？
5. 图层的基本操作有哪些？
6. 绘图与图像编辑工具有哪些？
7. 如何处理文本？
8. 路径工具包括哪些？
9. 如何打开图像的通道？
10. 如何使用滤镜？

第 2 章 壁 纸 设 计

【内容】

在平面图像的设计和制作时，首先要考虑到作品所要表现的主题。虽然对于壁纸的设计来说，有时纯粹是一种情感与思想的渲泄，不需要考虑登大雅之堂，即兴涂鸦几笔也可；但是一个鲜明的主题也能使表现有明确的切入点，可以达到更好的效果。本章主要介绍如何用 Photoshop 设计壁纸。

【目的】

学会一些常用的如鼠标绘图操作方法以及蒙版等工具的使用，通过对本章的学习加深对基本工具的 熟悉。

【实例】

实例 2-1：光影壁纸设计。
实例 2-2：圣诞壁纸设计。
实例 2-3：装饰球壁纸设计。

2.1　光影壁纸设计

（1）新建一个白色背景的文档，如图 2.1 所示。

图 2.1　新建一个文档

（2）选择渐变工具（见图 2.2），编辑渐变色从白色到#EDF343，在背景上水平方向拉出线性渐变。按住 shift 键，从上往下进行拖拽，得到一个渐变的背景，如图 2.3 所示。

图 2.2　渐变选项条

图 2.3　添加渐变后的背景

（3）创建一个新的图层，并命名为光影 1（见图 2.4），用钢笔工具绘制一个角型的图案（见图 2.5）。因为要绘制的角型太大，可将页面缩小，然后再行绘制。

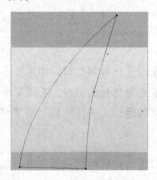

图 2.4　图层菜单　　　　　　　　　　　图 2.5　用钢笔工具绘制角型

（4）将此角型放置在适当的位置，按 Ctrl+回车，使其变换成选区，按 Ctrl+退格键，将其填充为白色（见图 2.6），然后调整光影图层的不透明度为 60%（见图 2.7），并将混合模式设为柔光，如图 2.8 所示。

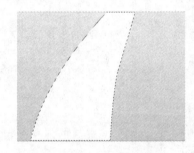

图 2.6　将角型转化为选区并填充白色　　　图 2.7　调整不透明度　　　图 2.8　调整不透明度后的图像

（5）添加蒙版（使用蒙版，目的是为了不破坏层里的内容和得到复杂的形状），选择画笔工具，将笔尖设置为 100 柔角，模式正常，合适的不透明度和流量（见图 2.9）。这样涂抹后的效果更加自然，效果如图 2.10 所示。

图 2.9　画笔选项条

（6）重复（3）（4）（5）步，多做几个效果出来，如图 2.11 所示。

图 2.10　涂抹后的角型　　　　　　　　图 2.11　多个角型的效果

（7）添加合适的装饰或说明文字（见图 2.12），在样式面板中依照个人审美选择合适的样式赋予文字（见图 2.13），使文字更符合壁纸（见图 2.14）。

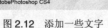

图 2.12 添加一些文字　　　　图 2.13 样式菜单　　　　图 2.14 将文字赋予一定样式

（8）依次点击菜单、打开选项，打开一个喜欢的卡通图片（见图 2.15）。然后在图的上方按住鼠标左键并拖拽进原壁纸文档，然后松开左键即可将图片复制进来（见图 2.16）。调整混合模式为明度（见图 2.17），混合后如图 2.18 所示。

图 2.15 新打开的卡通图　　　　图 2.16 将卡通图复制进壁纸设计文档

图 2.17 在图层菜单中调节图层 1 的混合模式为"明度"　　　图 2.18 混合模式调成"明度"后的图像

（9）在图层菜单中点击卡通图所在图层缩略图（见图 2.19），将卡通图部分变成选区，然后在"选择"菜单下选择"修改"子菜单中的羽化选项（见图 2.20），点击进行适当的羽化，当羽化效果不显著时按 Del 键加强羽化效果，最终效果如图 2.21 所示。

图 2.19 在图层菜单中点击卡通图所在图层缩略图　　　　图 2.20 进行羽化设定

图 2.21 最终效果图

2.2　圣诞壁纸设计

（1）新建一个大小为 800×600 像素的图像，如图 2.22 所示。

图 2.22　新建一个文档

（2）双击背景图层解开背景图层锁定，再次双击图层，调出图层样式菜单（见图 2.23），选择渐变叠加，如图设置渐变（见图 2.24），渐变条颜色设置分别为#CDF5FF，#0067A9，#040023.设置后的效果如图 2.25 所示。

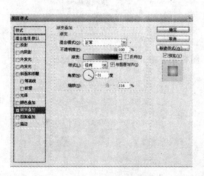

图 2.23　调出图层样式菜单

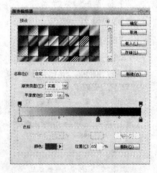

图 2.24　设置渐变条颜色

图 2.25　渐变设置效果图

（3）设置前景色为黑色，使用钢笔工具，选择形状图层，绘制如图 2.26 形状。

图 2.26　使用钢笔绘图

（4）分别添加内发光（见图 2.27）和渐变叠加（见图 2.28），渐变颜色分别为#004D8E 到#68C4ED（见图 2.29）。得到如图 2.30 所示的效果图。

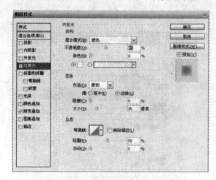 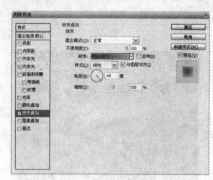

图 2.27 添加内发光　　　　　　　　　　　　　图 2.28 添加渐变叠加

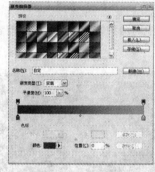 

图 2.29 设置渐变条颜色　　　　　　　　　　图 2.30 效果图

（5）设置前景色为：#003274，选择自定形状工具，在工具选项菜单中选择形状图层，如图 2.31 所示。在形状选项里找到松树形状，注意，这里默认的形状选项没有包括松树形状，因此要自行添加，方法是点击形状选项向下的按钮弹出形状选择缩略图，在其右侧有一个向右的按钮，点击该按钮弹出形状选择菜单，选择全部即可（见图 2.32）。

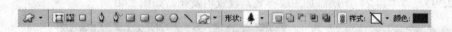

图 2.31 选择自定形状工具　　　　　　　　　　　　　　　　　　图 2.32 选择全部

用该形状工具画上一个松树，放置合适位置，将该层命名为松树 1，添加一个蒙版，选择画笔工具（见图 2.33），将其笔尖调整为柔角 100 像素，不透明度和流量均调低，如图 2.34 所示。

图 2.33 选择画笔

图 2.34 利用画笔画出一颗松树

（6）重复第（5）步，多画几颗松树并分别放置在合适的位置，效果如图 2.35 所示。

（7）为了便于后面的操作，新建一个组，命名为：松树，将松树图层拖入组中，如图 2.36 所示。

图 2.35 松树效果图   图 2.36 新建一个组

（8）选择自定义形状工具（见图 2.37），找到图 2.37 中的两种雪花形状。设置前景色为白色，在如图 2.38 所示的位置画出雪花，命名"雪花"。

图 2.37 选择自定义形状工具   图 2.38 画雪花

（9）设置前景色为：#A7FEF6，选择钢笔工具，绘制如图形状（和第三步一样选择形状图层），命名"雪 2"（见图 2.39）。为"雪 2"图层添加图层样式，设置内发光，如图 2.40 所示。

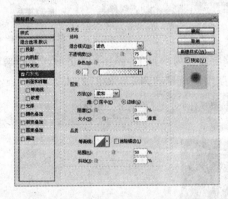 

图 2.39 为"雪 2"图层设置内发光   图 2.40 "雪 2"图层设置内发光后效果图

（10）设置前景色为白色，选择钢笔工具，绘制如图形状（和第（3）步、第（9）步一样选择形状图层），命名"雪 3"（见图 2.41）。

图 2.41　绘制"雪 3"形状

（11）为"雪 3"图层添加图层样式，设置内发光（见图 2.42），添加渐变叠加（见图 2.43），选择线性，渐变条颜色为#51DDFE 到白色，效果图如图 2.44 所示。

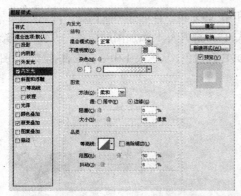

图 2.42　为"雪 3"图层设置内发光

图 2.43　为"雪 3"图层设置渐变叠加

图 2.44　"雪 3"图层效果图

（12）设置前景色为：#25BDFE，选择直径 100 的柔角画笔，并设置不透明度 28%（见图 2.45）。Ctrl+N 新建一层，命名"雪阴影"，用刚才设置好的画笔在如图位置涂抹（见图 2.46）。

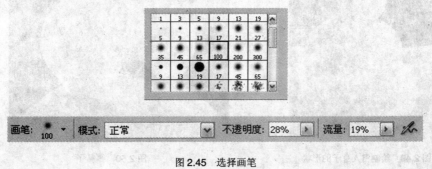

图 2.45　选择画笔

图 2.46　新建"雪阴影"层

（13）下面我们开始画雪人，选择椭圆工具（和第（9）步一样选择形状图层，注意选择图层样式为默认样式），如图绘制，别忘了给图层命名"雪人 1"。给雪人 1 添加图层样式，设置内发光（见图 2.47）。设置渐变颜色，继续沿用刚刚使用的#25BDFE 到白色，从雪人 1 中心向右侧拖拽，如图 2.48所示。

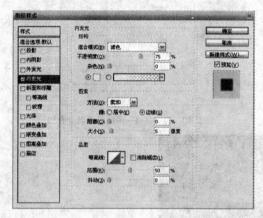

图 2.47　设置内发光

图 2.48　拖拽雪人头的形状

（14）复制两个雪人图层，并用 Ctrl+T 调整大小，如图 2.49 所示摆放好，并将雪人图层编组。

（15）下面我们给雪人画鼻子，用钢笔工具绘制一个三角形，并填充红色，然后在样式菜单里选择一款合适的样式，如图 2.50 所示。

图 2.49　绘制雪人身子的形状

图 2.50　画鼻子

（16）将前景色设为黑色，用椭圆工具给雪人画两只眼睛，如图 2.51 所示。

图 2.51　画眼睛

（17）用铅笔工具给雪人画两只手臂（见图 2.52），最终效果如图 2.53 所示。

图 2.52　画雪人两只手臂

图 2.53　最终效果图

2.3　装饰球壁纸设计

（1）新建一个大小为 1280×1024 像素的图像文件，命名为装饰球壁纸，如图 2.54 所示。

（2）将前景色设为#7EC21D，按 Alt+退格键进行填充，效果如图 2.55 所示。

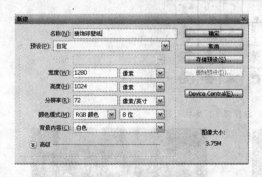

图 2.54　新建一个文档

图 2.55　填充前景色

（3）选择矩形工具，前景色设为＃008C7F，比照图 2.56 的宽度拉出个矩形条，然后，选择移动工具按住 Alt 键复制多个，一直到右边（见图 2.57）。将所有矩形条形状图层栅格化（见图 2.58），然后选择所有的矩形条所在图层，按 Ctrl+E 进行合并。

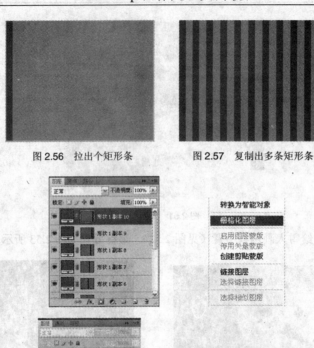

图 2.56　拉出个矩形条　　　　　　图 2.57　复制出多条矩形条

图 2.58　图层栅格化

（4）选择自定义形状工具（见图 2.59），选中树的形状。设置好大小，用鼠标在刚才画出的矩形条上从左边第一条的上面（注意间距）画出树的形状（见图 2.60），按住 Alt 一直复制到第一条矩形的最下面（见图 2.61），然后还是栅格化图层，合并（见图 2.62）。

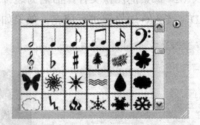

图 2.59　选择自定义形状工具

图 2.60　画出一个树的形状　　　　　　图 2.61　在一列上画出多个树

图 2.62 栅格化图层并合并

（5）同样地，选择移动工具，按住 Alt 键将树条进行复制，然后再栅格化图层，合并图层（见图 2.63）。

（6）用同样的方法可以得到矩形条里的树形图案。值得注意的是，矩形条里的树形图案需要用背景色进行填充，即#7EC21D（见图 2.64）。

图 2.63 复制树形图案

图 2.64 用背景色进行复制树形图案

（7）选择椭圆工具，前景色：白色，按住 Shift 画一个圆，然后复制两个（见图 2.65）。

图 2.65 绘制三个圆

（8）选择第一个圆的图层，在图层面板上双击调出图层样式，勾选阴影并设置如图 2.66 所示。内发光设置如图 2.67 所示。

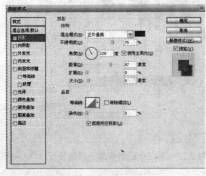

图 2.66 阴影设置

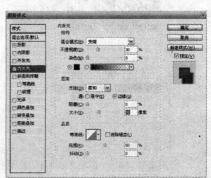

图 2.67 内发光设置

渐变叠加设置如图 2.68 所示。

图 2.68 渐变叠加设置

其中渐变编辑器的设置如图 2.69 所示，三个颜色块的数值分别为#49BDD6，#002B4B，#49BDD6。效果如图 2.70 所示。

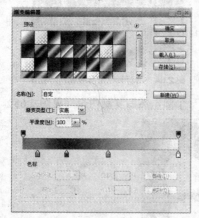

图 2.69 渐变编辑器的设置

图 2.70 第一圆的效果图

（9）再选择剩余的两个圆进行同样的操作，只是将渐变的颜色分别换成#E83C31，#851B20，#E83C31 和#EC6F01，#861b20，#EC6F01（见图 2.71 和图 2.72）。

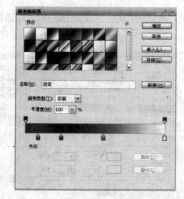

图 2.71 第二个圆渐变编辑器的设置

图 2.72 第三个圆渐变编辑器的设置

效果如图 2.73 所示。

（10）选择直线工具，画笔大小为 3 像素，在三个球体上绘制如图 2.74 所示三条线。

图 2.73　三个圆设计好的效果图　　　　　　　图 2.74　绘制三条线

（11）选择背景层，做一下渐变叠加（见图 2.75 和图 2.76）。

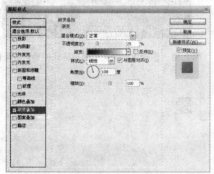

图 2.75　渐变叠加　　　　　　　　　　　　图 2.76　渐变叠加后效果图

（12）接着为球体加上漂亮的雪花。选择自定义形状工具（见图 2.77），选中雪花，在右边的球体上用雪花工具画出雪花，颜色值为#53BBA1，注意变换雪花大小和种类，栅格化图层后，合并所有雪花层，用橡皮擦工具把球体外的雪花擦除（见图 2.78）。

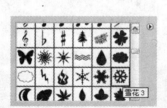

图 2.77　选择自定义形状工具　　　　图 2.78　在球体上用雪花工具画出雪花

（13）用同样的方法为下方的红球添加树叶，如图 2.79 所示。

图 2.79　在球体上用树叶工具画出树叶

（14）创建一个新的图层，颜色值：#28439A。使用矩形工具（见图 2.80），作矩形条、栅格化合并，移到左边球体所在层的上方，使用编辑"变换"变形命令，拖拽出一个类似西瓜的样式，将图层模式改为叠加。效果如图 2.81 所示。

图 2.80　使用矩形工具作矩形条

图 2.81　拖拽出一个类似西瓜样式的最终效果图

思　考　题

1．如何用 Photoshop 设计壁纸？

2．壁纸设计常用的工具有哪些？

3．完成书中介绍的壁纸设计。

4．设计一张自己喜欢的壁纸。

第 3 章　宣传海报设计

【内容】

海报作为一种视觉传达艺术，最能体现出平面设计的形式特征。它具有视觉设计最主要的基本要素，它的设计理念、表达手段及技法较之其他广告媒介更具典型性。海报从内容上可分为三类：社会公益海报、商业海报和艺术海报。本章主要介绍如何用 Photoshop 设计各类海报。

【目的】

学会一些常用的海报设计方法，通过本章的学习进一步加深对基本工具的熟悉，学习通道和滤镜的使用。

【实例】

实例 3-1：热爱和平宣传海报设计。

实例 3-2：奥运宣传海报设计。

实例 3-3：电影宣传海报设计。

3.1　热爱和平宣传海报设计

（1）新建一个图像文件，参数设置如图 3.1 所示。

（2）在工具箱中将前景色设为红色（#E83A18）。按住 Alt+退格键进行填充，如图 3.2 所示。

图 3.1　新建一个图像文件　　　　　　　　图 3.2　填充

（3）下面绘制一个简易的子弹图案。在工具箱中选择矩形工具，设置前景色为黑色，绘出一个矩形。继续选择椭圆工具，绘制出一个椭圆，并放置在合适的位置。选择圆角矩形工具，圆角半径为 20 像素，绘制出一个子弹的尾部，效果如图 3.3 所示。将子弹这三个图层栅格化（见图 3.4），然后合并成一个图层，并命名为子弹（见图 3.5）。

(a)　　　　　　　　　(b)　　　　　　　　　(c)

图 3.3　绘制子弹

图 3.4　图层栅格化　　　　　　　　图 3.5　合并图层

（4）点击选择工具，在工具选项菜单里点击显示变换控件，将子弹缩小到合适大小，并摆放到左上角（见图 3.6），取消显示变换控件。按住 Alt 键，复制出五个子弹（见图 3.7）。合并所有的子弹图层（见图 3.8），将子弹摆放到合适的位置（见图 3.9）。

图 3.6　调整子弹大小和位置　　　　图 3.7　复制子弹

图 3.8　合并所有子弹图层　　　　　图 3.9　子弹效果图

（5）选择椭圆工具，前景色仍为黑色，画出一个椭圆，并复制四份，摆放到合适的位置，然后合并所有椭圆的图层（见图 3.10）。

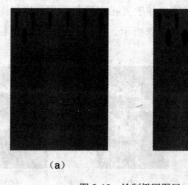

（a）　　　　　　　　　　（b）

图 3.10　绘制椭圆图层

（6）依照上面的方法，再画出四层椭圆块，然后将除背景层以外的所有图层合并成一层，如图

3.11 和图 3.12 所示。

图 3.11　再画出四层椭圆块　　　　　　　　图 3.12　合并图层

（7）下面绘制一只受伤的鸟。使用钢笔工具，画出一个鸟的翅膀，填充白色。然后执行菜单编辑、描边，为翅膀描边（见图 3.13）。

图 3.13　绘制鸟的一只翅膀

（8）用同样的方法，画出鸟儿的第二块翅膀（见图 3.14）。

图 3.14　绘制鸟的第二只翅膀

（9）接着，绘制鸟的头。用橡皮擦工具将头部右侧擦除一小块，如图 3.15 所示。

（10）接着绘制嘴和眼睛，如图 3.16 所示。

图 3.15　绘制鸟的头　　　　　　　　　　图 3.16　绘制鸟的眼睛

（11）添加文字。在样式菜单中选择一款合适的样式赋予文字（见图 3.17 和图 3.18），最终效果如图 3.19 所示。

图 3.17　添加文字　　　　　　图 3.18　选择一款样式　　　　　图 3.19　最终效果图

3.2　奥运宣传海报设计

（1）新建一个大小为 640×480 像素的图像文件（见图 3.20）。

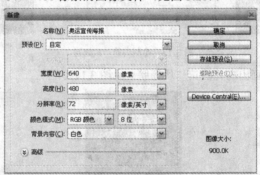

图 3.20　新建一个图像文件

（2）将前景色设为黑色，按 Alt+退格键进行填充，如图 3.21 所示。

（3）将前景色设置为#0D3793，利用椭圆工具，按住 Shift 绘出一个正圆出来，如图 3.22 所示。

图 3.21　用黑色填充　　　　　　　　　　　　图 3.22　绘制一个正圆

（4）将图层栅格化，按 Ctrl+回车，将圆转化为选区，在菜单中执行选择、修改、收缩命令，将选区缩小 8 个像素，点击 Del 键，将圆的中心块删除，如图 3.23、图 3.24 和图 3.25 所示。

图 3.23　将圆转化为选区

图 3.24　将选区缩小

（5）按住 Ctrl 键，单击蓝环所在图层，出现蓝环的选区，打开通道面板，新建一个通道：Alpha 1，将背景色设为白色，按 Ctrl+退格键把选区填成白色，如图 3.26、图 3.27 和图 3.28 所示。

图 3.25　删除圆的中心块

图 3.26　出现蓝环的选区

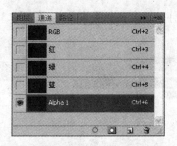

图 3.27　新建一个通道

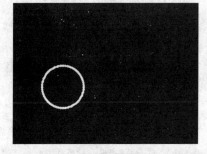

图 3.28　选区填成白色

（6）在菜单中执行滤镜、模糊、高斯模糊命令，对圆环边缘进行模糊，半径设为 2 像素。再使用三次高斯模糊，半径分别设为 3，4，5 像素，如图 3.29 和图 3.30 所示。

图 3.29　对圆环边缘进行模糊

图 3.30　圆环多次高斯模糊后效果

（7）在通道面板中点击 RGB 通道，在菜单中执行滤镜、渲染、光照效果命令，如图设置对话框中的各个参数，使圆环出现立体效果，如图 3.31、图 3.32、图 3.33 和图 3.34 所示。

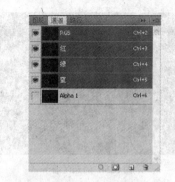

图 3.31　点击 RGB 通道

图 3.32　选择"光照效果"

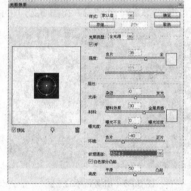

图 3.33　"光照效果"设置

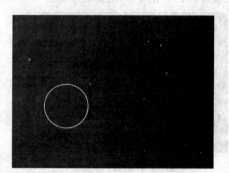

图 3.34　圆环出现立体效果

（8）在菜单栏中点击调整、曲线命令,将曲线向上拉伸，以提高圆环的亮度，如图 3.35、图 3.36 和图 3.37 所示。

图 3.35　点击调整、曲线命令

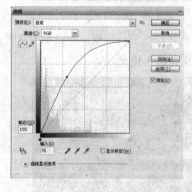

图 3.36　将曲线向上拉伸

图 3.37　提高圆环亮度的效果图

（9）按照上面同样方法，再分别绘制出红、绿、黄、黑四个圆环，其中在制作黑色圆环选择填充色时，选择深灰色填充，因为黑色产生不了什么立体效果。将制作好的 5 个圆环排列成如图 3.38 所示的形状。其中的颜色设置为，红色：#E50913；绿色：#7FBF26；黄色：#F1EB3B；深灰色：#474746。

图 3.38　绘制出红、绿、黄、黑四个圆环

（10）下面制作环环相扣的效果。按住 Ctrl 键在黄色圆环图层上单击一下，将黄色圆环选中。在工具箱中选择多边形套索工具，在工具选项菜单中将与选区交叉项选中。在蓝色圆环和黄色圆环的左边的交界除勾勒出一个选区，把黄颜色圆环的这一部分去掉，用橡皮擦工具对残余的黄色进行清理。对其他圆环施以同样动作，得到五环相扣之图，如图 3.39、图 3.40 和图 3.41 所示。

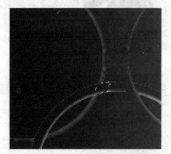

图 3.39　将黄色圆环选中

图 3.40　去掉黄颜色圆环的一部分

图 3.41　五环相扣之图

（11）将五个环所在的图层合并，命名为"五环"。将图像转化为选区，打开通道面板，新建一个通道 Alpha 6，填充白色。执行菜单滤镜、像素化、晶格化，单元格设置为 5，如图 3.42、图 3.43 和图 3.44 所示。

图 3.42　图层合并

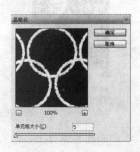

图 3.43　晶格化

图 3.44　效果图

（12）在菜单中执行图像、图像旋转，把图像顺时针旋转 90°。然后执行滤镜、风格化、风，使五环产生风的效果。按 Ctrl+F 再产生一次风的效果，如图 3.45、图 3.46、图 3.47 和图 3.48 所示。

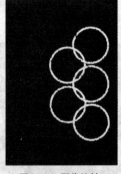

图 3.45　图像旋转

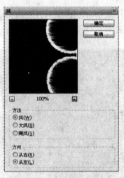

图 3.46　风格化设置

图 3.47　五环产生风的效果

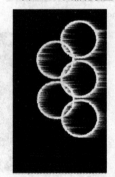

图 3.48　再产生一次风的效果

（13）选择滤镜、扭曲、波纹，为五环设置波纹效果，如图 3.49 和图 3.50 所示。

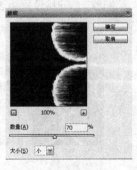

图 3.49　波纹设置

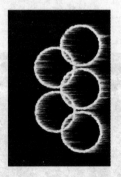

图 3.50　五环波纹效果

（14）选择滤镜、模糊、高斯模糊，把半径设置为 2，将图像逆时针转 90°，如图 3.51 所示。

图 3.51　图像逆时针旋转 90°

（15）按住 Ctrl 键单击 Alpha 6 通道，回到面板，新建一个图层，执行编辑、填充命令，在对话框中选择用白色填充。然后执行菜单图像、模式、灰度，将 RGB 模式转化为灰度模式。转化时忽略系统给出的提示。再执行才到那图像、模式、索引颜色，将灰度模式再转化为索引颜色模式，在菜单中选择图像、模式、颜色表，选择黑体，如图 3.52 所示。

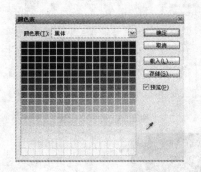

图 3.52　颜色表设置

图 3.53　制作火焰

（16）按住 Ctrl+A 全选图像，按住 Ctrl＋C 键将火焰图像拷贝至剪贴板中（见图 3.53）。打开历史面板，回到五环标志的那一步，打开面板，按 Ctrl+V 键将剪贴板中的图像粘贴过来，将新产生的图层取名为火焰，然后将火焰图层移动到五环图层的下方，如图 3.54 所示。

（17）将五环图层和火焰图层均选为不可见，利用文字工具添加数字，将所有的文字层合并成一层，命名为数字，如图 3.55 所示。

图 3.54　火焰效果图

图 3.55　添加数字

（18）选择编辑、变换、扭曲，得到如图文字效果，如图 3.56 所示。

图 3.56 扭曲数字

（19）用矩形选框工具，将 2008 选中，然后剪切、粘贴，使其形成一个新的图层。把 "2008" 摆放到原来的位置，利用魔棒工具，选择白色区域，填充黄色（FDF502），然后选择编辑，描边，宽度为一个像素，颜色为红色（#E93517）。双击"2008"所在图层，调出图层样式菜单，选择外发光，颜色同为红颜色（#E93517），如图 3.57、图 3.58 和图 3.59 所示。

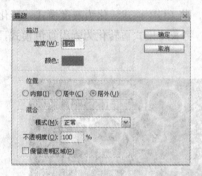

图 3.57 描边设置

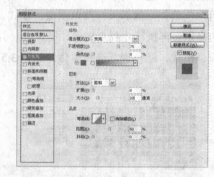

图 3.58 外发光设置

图 3.59 "2008"数字效果

（20）显示五环和火焰图层。选择文字工具，添加一些文字，打开样式菜单，选择一款合适的样式，最终效果如图 3.60 和图 3.61 所示。

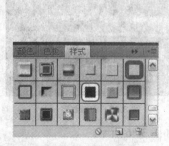

图 3.60 选择一款样式

图 3.61 最终效果图

3.3 电影宣传海报设计

（1）新建一个 210 mm×297 mm 的图像文件，如图 3.62 所示。

图 3.62 新建一个图像文件

（2）在图层面板中点击新建图层按钮，新建一个"图层 1"点击填充工具，弹出填充对话框，设置前景色为黑色，给图层 1 填充。如图 3.63 和图 3.64 所示。

图 3.63 新建一图层   图 3.64 图层填充

（3）执行菜单文件、置入，从弹出的打开对话框中选择素材，栅格化图像所在层。在工具箱中选择移动工具，并移动与调整位置素材的大小、亮度、对比度，如图 3.65、图 3.66 和图 3.67 所示。

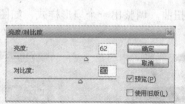

图 3.65 置入素材   图 3.66 亮度/对比度设置   图 3.67 置入素材的效果

（4）点击添加蒙板工具给素材添加一个蒙板，然后在工具箱中选择画笔（见图 3.68），设置画笔为柔角 300 像素，不透明度和流量均为 50，调整后如图 3.69 所示。

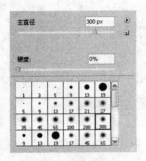

图 3.68　选择画笔工具

图 3.69　给素材添加一个蒙板后效果

（5）为图像添加宣传文字。首先，在图像顶部添加主演的姓名。设置好字体和字符样式，文字颜色为白色。然后添加剧中人物的对话，文字设置及效果如图 3.70、图 3.71、图 3.72 和图 3.73所示。

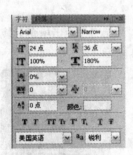

图 3.70　文字工具设置

图 3.71　为图像顶部添加主演的姓名

图 3.72　添加人物对话的文字工具设置

图 3.73　添加人物对话的效果图

（6）继续添加相关文字，并将"The Old Life"文字所在层的不透明度调低至 55。选择一款合适的字体，然后执行编辑、变换、扭曲，调整出一个扇形样式，如图 3.74、图 3.75、图 3.76 和图 3.77所示。

图 3.74　添加"The Old Life"文字图层

图 3.75　字体设置

图 3.76　"The Old Life"文字字体效果　　　　图 3.77　"The Old Life"文字效果图

（7）添加影片信息文字。样式设置如图 3.78 和图 3.79 所示。

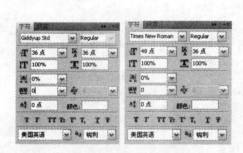 

图 3.78　影片信息文字设置　　　　　　　　图 3.79　影片信息文字效果图

（8）添加宣传文字。透明度均调到 60%，如图 3.80 和图 3.81 所示。

图 3.80　宣传文字设置　　　　　　　　　　图 3.81　宣传文字效果图

（9）在右下角添加影片公司名称，选择自定义形状工具绘制一个皇冠，将透明度调至 60%，最终效果如图 3.82 所示。

图 3.82　最终效果图

思　考　题

1. 如何用 Photoshop 设计宣传海报？
2. 宣传海报设计常用的工具有哪些？
3. 完成书中介绍的宣传海报设计。
4. 设计一张自己喜欢的电影的宣传海报。

第 4 章　包 装 设 计

【内容】

　　包装是商品的容器或包裹物。包装充斥着我们生活的每一个空间，好的包装可以引起消费者的关注和喜爱，扩大企业和产品的知名度。包装的设计要突出品牌，将色彩、文字和图形巧妙地组合，形成有一定冲击力的视觉形象，将产品的信息传递给消费者。包装的设计还要充分考虑到消费者的定位，针对不同的消费者阶层和消费群体进行设计，才能有的放矢，从而达到促进商品销售的目的。本章主要介绍如何用 Photoshop 进行包装设计。

【目的】

　　学会一些常用的包装设计的方法，通过对本章的学习进一步加深对基本工具的熟悉。

【实例】

实例 4-1：快速包装设计。

实例 4-2：咖啡包装设计。

实例 4-3：手机包装设计。

4.1　快速包装设计

　　（1）在 Photoshop 中打开原图，如图 4.1 所示。

图 4.1　打开一张图片

　　（2）为便于后面的编辑，我们对图像进行缩小处理。利用矩形选框工具选中整个图片，点击移动工具，在工具选项栏里面点击显示变换控件，也可按 Ctrl+T 实施，按下 Alt+Shift 键对图像进行拖动，使其缩小至合适的大小。这里 Alt 键的作用是保持中心点位置不变，而 Shift 键的作用则是保持图片的高宽比不变，如图 4.2 和图 4.3 所示。

图 4.2　点击移动工具

图 4.3　调整图像大小

（3）双击背景层所在图层，将背景层解除锁定并命名为正面，同时创立一个新的图层，命名为左侧，如图 4.4 所示。

（4）利用矩形选框工具选中图片左侧的一部分，按下 Ctrl+X 进行剪切，也可以在编辑菜单中选中这一项，点击左侧图层，按 Ctrl+V 进行粘贴，如图 4.5 所示。

图 4.4　创立"左侧"图层

图 4.5　将图片分成两部分

（5）然后分别为两个图层进行描边。在编辑菜单中选择描边即可，如图 4.6 和图 4.7 所示。

图 4.6　描边设置

图 4.7　描边效果

（6）添加一些文字放在适当的位置，在窗口菜单中选择字符面板，在字符面板中调节文字的颜色、大小、间距等特征。选中正面层上方的文字层和正面层按 Ctrl+E 将这三层组合为一层，同样应用于左侧层，得到有文字的左侧层，如图 4.8、图 4.9 和图 4.10 所示。

图 4.8　添加的文字设置

图 4.9　三图层合并

（7）在编辑菜单中选择变换子菜单，并继续选择扭曲，调整图像可以得到如图 4.11 效果。

图 4.10 图层合并效果 图 4.11 调整图像

（8）选择移动工具进行拼接，在拼合的过程中，可以用方向键进行微调，以求达到最佳的效果，如图 4.12 所示。

（9）拼接好的图片没有顶盖。建立新的图层，选择多边形套索工具，沿着顶框画出一个长方形，然后设置一个合适的前景色，按 Alt+退格键进行填充，并依照先前的方法进行描边，如图 4.13 所示。

图 4.12 拼合图像 图 4.13 添加顶盖

（10）完成以后，将所有图层进行选择，按 Ctrl+E 键合并成一层，双击该图层，调出图层样式菜单，选择投影，如图 4.14 所示。

（11）最终效果如图 4.15 所示。

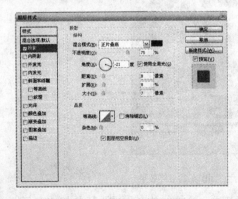

图 4.14 合并的图层的投影设置 图 4.15 最终效果图

4.2　咖啡包装设计

（1）新建一个 800×600 像素的图像，如图 4.16 所示。

（2）为了便于查看效果，我们对背景进行编辑。将工具箱中的前景色设置为蓝灰色（#7A91C1），背景色设置为白色，然后单击工具箱中的"渐变"按钮，在画面中由上至下填充渐变色，如图 4.17 所示。

图 4.16　新建一文档　　　　　　　　　　　　　　图 4.17　编辑背景

（3）自己制作包装盒的正面图片。首先选择一个合适的图片作为底图。利用椭圆选框工具以及文字工具等绘出包装盒正面的图案。然后利用矩形选框、画笔等工具绘出剩余的边框等。将所有属于正面部分的图层按 Ctrl+E 合并成一层，如图 4.18、图 4.19 和图 4.20 所示。

图 4.18　选择一张包装盒的正面图片　　　　　图 4.19　绘出包装盒正面的图案

图 4.20　包装盒正面图案的最终效果

（4）选择菜单栏中的"编辑"，"变换"，"扭曲"命令，为正面图片添加扭曲变形框，将其调整至合适的的形态，然后按回车键进行确定，如图 4.21 所示。

（5）选择钢笔工具，绘制如图 4.22 所示的路径。

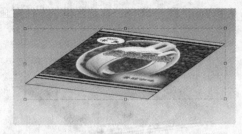

图 4.21　为正面图片添加扭曲变形框

图 4.22　绘制路径

（6）用直接选择工具，修改路径，使路径微微弯曲，如图 4.23 所示。

（7）按 Ctrl+回车，将路径转化为选区，按 Ctrl+Shift+I，反选选区，删掉多余的部分，如图 4.24 所示。

图 4.23　修改路径

图 4.24　反选选区

（8）用钢笔工具绘制右侧面，填充颜色#878986，如图 4.25 所示。

图 4.25　绘制右侧面

（9）使用渐变工具，颜色为从#878986 到透明。在选区里从左往右画一条直线，得到渐变效果，如图 4.26 和图 4.27 所示。

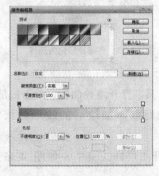

图 4.26　渐变设置

图 4.27　渐变效果

（10）新建一层，用钢笔工具绘制如图 4.28 所示的选框。

（11）类似第（9）步，使用渐变工具，颜色为从#938b77 到 696B68。在选区里从左往右画一条直线，得到渐变效果，如图 4.29 所示。

图 4.28　绘制选框　　　　　　　　　　　图 4.29　渐变效果图

（12）按 Ctrl+D 取消选区，新建一层，用钢笔工具绘制如图 4.30 所示的路径。

（13）将路径转化为选区，并填充颜色#CCAB03，如图 4.31 所示。

图 4.30　绘制路径　　　　　　　　　　　图 4.31　将路径转化为选区

（14）新建一个图层，并使该层位于前面和侧面所在层的下方，用钢笔工具绘制如图 4.32 所示的路径。

（15）将路径转化为选区，并填充颜色#CCAB03，如图 4.33 所示。

图 4.32　绘制路径　　　　　　　　　　　图 4.33　将路径转化为选区

（16）新建一个图层，再次用钢笔工具绘制如图 4.34 所示的路径。

（17）将前景色设置为白色。单击工具箱中的"画笔"工具，打开路径面板，单击底部的描绘路径，然后在"路径"面板中的灰色区域处单击，将路径隐藏，描绘后的线形效果如图 4.35 所示。

（18）选中正前灰色矩形所在的图层，双击图层，打开图层样式菜单。如图 4.36 所示设置投影。

（19）右侧面和正前黄色面进行同样的投影操作，如图 4.37 所示。

图 4.34　绘制路径

图 4.35　描绘后的线形效果图

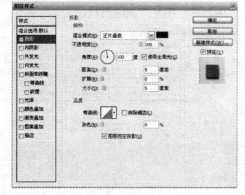

图 4.36　设置投影

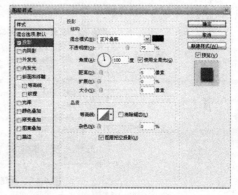

图 4.37　右侧面和正前黄色面的投影设置

最后的效果如图 4.38 所示。

图 4.38　最终效果图

4.3　手机包装设计

4.3.1　正面的制作过程

（1）打开含有手机的图片，利用魔棒工具，在空白处点击，选择大致的图像区域。然后按 **Ctrl+Shift+I** 反选区域，如图 4.39 和图 4.40 所示。

图 4.39　选择大致的图像区域

图 4.40　反选区域

（2）按 Ctrl+C 进行复制。新建一个图像文件，并新建一个图层（见图 4.41），按 Ctrl+V 将手机进行粘贴（见图 4.42）。选择橡皮擦工具，对图像多余部分进行擦除（见图 4.43）。

图 4.41　新建一个图像文件

图 4.42　粘贴手机

图 4.43　擦除图像多余部分

（3）新建一个大小为 400×400 像素、名称为"手机包装设计"的图像文件，其他参数设置如图 4.44 所示。

（4）设置前景色的编号为#7CA3B6，背景色为白色，使用渐变工具，从左上角至右上角拖动鼠标为图像应用从前景色到背景色的渐变填充（见图 4.45）。

图 4.44　新建一个图像文件

图 4.45　用渐变填充

（5）新建一个图层：图层 1。将手机拖拽进来，进行外发光设置，如图 4.46、图 4.47 和图 4.48 所示。

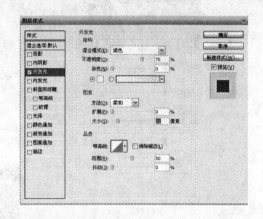

图 4.46 手机拖拽到一个新建图层　　　　　图 4.47 外发光设置

图 4.48 手机外发光效果图

（6）使用文字工具输入颜色编号为#48B0C0 的字母"M"后，开启图层样式对话框为文字添加斜面和浮雕效果以及描边效果，如图 4.49、图 4.50 和图 4.51 所示。

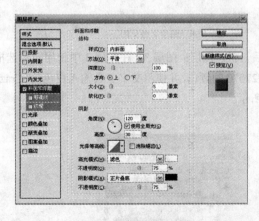

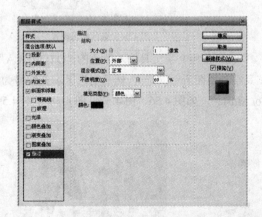

图 4.49 斜面和浮雕设置　　　　　　　图 4.50 描边设置

（7）新建图层：图层 2，按住 Ctrl 键点击图层 M，载入文字的选区。点击选择|修改|收缩，将选区收缩 2 像素后，再将选区羽化 2 像素，使用白色填充选区后取消选择，然后将图层 2 的不透明度改为 70%，如图 4.52、图 4.53、图 4.54 和图 4.55 所示。

图 4.51 文字 "M" 效果图

图 4.52 新建图层 2

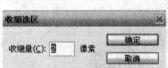

图 4.53 收缩选区设置

图 4.54 选区羽化设置

图 4.55 图层 2 效果图

（8）使用文字工具输入黑色的 "OTOROLA" 后，新建图层：图层 3。在图层 3 中使用矩形选框工具绘制如图所示的选区，然后对选区填充编号为#727070 的颜色，并使用文字工具输入白色的"Crazy For Music"，如图 4.56、图 4.57、图 4.58 和图 4.59 所示。

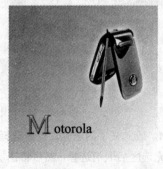

图 4.56 输入 "OTOROLA" 文字

图 4.57 新建图层 3

图 4.58 绘制矩形选区   图 4.59 文字"Crazy For Music"效果图

（9）新建图层：图层 4（见图 4.60），设置前景色为#7CA3B6 后，使用画笔工具绘制如图 4.61 所示的直线。

图 4.60 新建图层 4 和图层 4 副本   图 4.61 绘制直线

（10）按住 Alt+Shift 键拖动直线，复制出一个一样的直线（见图 4.62），摆放好位置，用文字工具输入颜色编号为#79A1B4 的文字"Intelligence Mobile"，如图 4.63 所示。

图 4.62 复制出一个一样的直线   图 4.63 文字"Intelligence Mobile"效果图

（11）选择自定形状工具绘制出一个电话的路径，按 Ctrl+回车将路径转化为选区，新建图层：图层 5，将选区填充为黑色并取消选择，如图 4.64、图 4.65、图 4.66 和图 4.67 所示。

图 4.64 新建图层 5   图 4.65 绘制出一个电话的路径

图 4.66 将路径转化为选区

图 4.67 将选区用黑色填充

（12）使用文字工具输入黑色文字"Motorola"，并调整文字字体和大小（见图 4.68）。

图 4.68 输入适当大小的黑色文字"Motorola"

（13）正面的制作完成。对手机包装设计.psd 文件进行保存，再将其另存为正面.jpg 文件，方便后面的使用。

4.3.2 侧面的制作过程

（14）新建一个 125×400 像素，名称为侧面的图像文件，其他选项参照图 4.69 进行设置，新建文件图如图 4.70 所示。

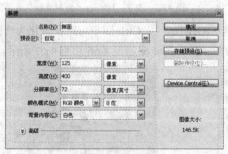
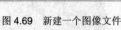

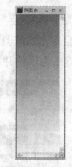

图 4.69 新建一个图像文件

图 4.70 新建的图像文件图

（15）在手机包装设计.psd 文件中，切换至图层 M，将 M、图层 2、otorola、图层 3 和 Crasy For Music 图层链接起来后，拖拽至侧面.psd 文件中，然后在侧面.psd 文件中调整好图像的大小和位置（见图 4.71）。

图 4.71　将手机包装设计.psd 文件中部分图层拖拽至侧面.psd 文件中

（16）新建图层：图层 3，使用自定形状工具绘制如图 4.72 所示的路径，将路径转化成为选区后，使用白色进行填充（见图 4.73）。

图 4.72　新建图层 3　　　　　　　　图 4.73　绘制"地球"图形

（17）选择矩形选框工具，绘制如图 4.74 所示的选区，将选区内的图像删除。

（18）使用文字工具输入白色文字"MOTO"后，完成侧面的制作，将侧面.psd 文件进行存储，并另储存为侧面.jpg 文件，便于后面的制作（见图 4.75）。

图 4.74　在"地球"图形中删除一矩形选区　　　　图 4.75　侧面效果图

4.3.3　立体效果的制作

（19）新建一个大小为 750×750 像素，名称为"合成"的图像文件，其他参数如图 4.76 所示设置，新建文件图如图 4.77 所示。

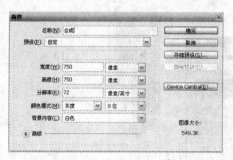

图 4.76　新建一图像文件　　　　　　　　　　图 4.77　新建的图像文件效果

（20）打开前面保存的正面.jpg 文件和侧面点.jpg 文件，利用移动工具将正面.jpg 文件和侧面点.jpg 文件拖拽到合成.psd 文件里，得到图层 1 和图层 2（见图 4.78）。

图 4.78　将正面.jpg 文件和侧面点.jpg 文件拖拽到合成.psd 文件中

（21）执行菜单编辑、变换、扭曲命令，调整图像的大小和位置（见图 4.79）。

图 4.79　调整好图像的大小和位置

（22）点击背景层，新建图层 3，使用多边形套索工具绘制如图所示的选区，将选区羽化 10 个像素后，使用灰色进行填充，如图 4.80、图 4.81、图 4.82 和图 4.83 所示，本实例完成。

图 4.80　新建图层 3　　　　　　　　　　　图 4.81　绘制选区

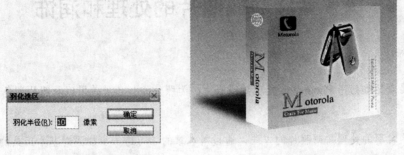

图 4.82　选区羽化设置　　　　　　　　　图 4.83　最终效果图

思　考　题

1. 如何用 Photoshop 设计包装?
2. 包装设计常用的工具有哪些?
3. 完成书中介绍的包装设计。
4. 完成一个生日蛋糕的包装设计。

第 5 章　数码照片的处理和润饰

【内容】

本章主要介绍如何用 Photoshop 处理数码照片，为照片添加各种效果以及照片调色等。

【目的】

学会一些常用的处理数码照片的方法，通过对本章的学习进一步加深对基本工具的熟悉。

【实例】

实例 5-1：深度吸引效果。

实例 5-2：为照片添加百叶窗效果。

实例 5-3：照片的合成。

实例 5-4：照片的唯美效果调法。

实例 5-5：柔和梦幻色彩的调法。

实例 5-6：光线过暗照片的处理方法。

5.1　深度吸引效果

我们常看到一种动态特效：镜头突然拉近，具有强烈的视觉震撼力。实事上在照片上运用 Photoshop 容易做出这种效果。

（1）运行 Photoshop CS4，然后打开要处理的图片。

（2）用工具栏中的"椭圆选框"工具，将人物头部或面部轮廓大概选中，如图 5.1 所示。

（3）按下"Shift+Ctrl+I"组合键，或直接选择菜单中的"选择→反向"命令即可。如图 5.2 所示。

图 5.1　物头部或面部轮廓选中一椭圆选区

图 5.2　反选图像

（4）单击工具栏中的背景设置按扭 ，将背景设为粉红色。

（5）单击鼠标右键，在弹出的菜单中选择"羽化"，输入数值 30(也可根据需要调整羽化值)，确定后按键盘"Delete"键，即可出现图 5.3 所示羽化效果。

（6）用"磁性套索工具"将头部选中，并按"Shift+Ctrl+I"反向选择，并单击右键，在弹出的菜单中选项中，选择羽化，将羽化值设为 5，如图 5.4 所示。

图 5.3　羽化后效果　　　　　　　　　　图 5.4　选中头部并羽化

（7）选取菜单命令"滤镜→模糊→径向模式"，弹出径向模糊对话框，将"模糊方法"选为"缩放"，将"品质"选为"最好"，然后通过"数量"下的滑块调整数量为"85"，用鼠标在将"中心模糊"栏的左下方点一下，表示以此为点扩散，具体设置如图 5.5 所示。

（8）设定径向模糊参数后，单击确定，最终效果如图 5.6 所示。

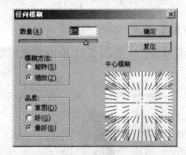

图 5.5　径向模糊设置　　　　　　　　　　图 5.6　深度吸引效果

5.2　为照片添加百叶窗效果

Photoshop 的魅力就在于能"为所欲为"。类似于百叶窗的效果，我们将其称为抽线效果。靓丽，还能抽出来！

（1）运行 Photoshop CS4，然后打开要处理的图片，如图 5.7 所示。

（2）按下"Ctrl+N"键，弹出新建文件窗口。将宽高设为 500×20 像素，如图 5.8 所示。

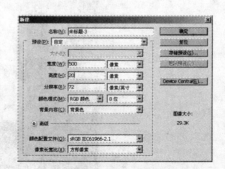

图 5.7　素材图片　　　　　　　　　　图 5.8　新建文档设置

（3）在新建的文件中，先通过矩形选取工具选取工作区的一半，并用填充命令将其填充为粉红色另一半填充为淡红色（也可根据需要填充为其他颜色）。然后选取"编辑→定义图案"，以弹出的"图案名称"栏输入"抽线"，然后按下"确定"按钮。

（4）转至需进行处理的图片工作区，按下 F7 键调出图层浮动面板，按下面板下方的"新建"按钮，新建一个图层。如图 5.9 所示。

（5）新建将图层作为工作图层，按"Ctrl+A"组合键全选工作区。选择菜单栏中的"编辑"→"填充"命令，弹出"填充"对话框，在"自定图案"下列选项中选择步骤 3 定义的"抽线"图案，如图 5.10 所示。

图 5.9　新建一空白图层

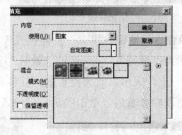
图 5.10　选取"抽线"图案

（6）按下 F7 键调出图层浮动面，将新建图层模式调为强光，如图 5.11 所示，并可根据需要调节图层的不透明度到 65%。效果如图 5.12 所示。

图 5.11　图层叠放模式设置

图 5.12　百叶窗效果

（7）如果你觉得抽线不够新颖，在图层 1 中选取菜单命令"编辑→变换→旋转 90°（顺时针）"，再按"Ctrl+T"组合键将抽线条拉长即可，效果如图 5.13 所示。

图 5.13　百叶窗效果 2

5.3   照片的合成

在网上我们经常看到一些合成照片，看上去好像是很高深的技术，实际上用 Photoshop 来合成照片相当简单。下面我们用两张图片（见图 5.14 和图 5.15）为例来讲述如何实现照片的合成。

图 5.14   素材 1   图 5.15   素材 2

（1）在 Photoshop 中打开以上两个人物素材，首先在素材 1 工作区内，利用套索工具选择素才 1 的脸部，如图 5.16 所示。

（2）在选择区域内单击鼠标右键，选择羽化，将羽半径设为 2(羽化值不宜过大否则轮廓不清)。

（3）复制选区（Ctrl + C），进入素材 2 工作区，粘贴（Ctrl + V），通过自由变换（Ctrl + T）调整脸部位置和大小后单击应用，得到图 5.17 所示效果。

图 5.16   选取面部   图 5.17   自由变换后效果

注意：在自由变换过程中，可以通过降低图层不透明度以便有效地调整脸部素材的位置和大小。

（4）隐藏素材 1 面部所在图层，使用工具栏中的"吸管工具"吸取素材 2 脸部颜色（尽量选取'中间色调，不要过明也不要过暗）。

（5）在素材 1 面部图层上方创建新图层，并用步聚（4）取样的颜色填充，将图层混合模式设为"颜色"。

（6）按住 Ctrl 键并单击素材 1 脸部图层获得选区，选择颜色填充层，反选（Ctrl + Shift +I），并按"Delete"删除多余部分的颜色。得到效果如图 5.18 所示。

（7）对面部颜色进行调整，选中颜色填充图层，图像→调整→曲线。调整时参数设置可根据预览图像来确定，如图 5.19 所示。

图 5.18　颜色取样后效果

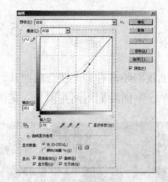

图 5.19　曲线调整设置

（8）使用柔角橡皮擦工具擦除颜色填充层与背景层的过渡部分，使得过渡更加自然。

（9）对一些局部地方较明显不协调的地方可以用放大镜放大后用污点修复画笔对照片进行修复。

（10）按"Shift+Ctrl+E"组合键将可见图层合并，单击图层工具栏下方的 🖊. 按扭选择"色阶"对照片明暗对比度进行调整。如图 5.20 所示。

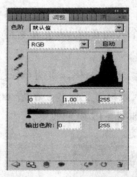

图 5.20　色阶调整

（11）选择菜单栏中的"图像→调整→照片滤镜"命令，对色温进行调整，如图 5.21 所示，最终效果如图 5.22 所示。

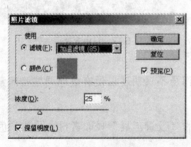

图 5.21　色温调整

图 5.22　最终效果图

5.4　照片的唯美效果调法

现在网上出现了很多唯美图片，实际上用 Photoshop 很容易调出唯美效果。下面用一个例子来说明如何调出唯美效果。

（1）打开一幅要调为唯美效果的图片，如图 5.23 所示。

（2）选择菜单栏中的"窗口→通道"命令，打开通道面版，选择"绿"通道，按"Ctrl+A"组合键全选，再按"Ctrl+C"组合键复制，然后选"蓝"通道，按"Ctrl+V"组合键粘贴，如图 5.24所示。

图 5.23　原图　　　　　　　　　　　　　　　图 5.24　通道显示

（3）单击图层工具栏下方的 按扭，执行"色彩平衡"对图片色彩进行调整，如图 5.25 所示。

（4）再执行"曲线"增加图片的亮度和层次感，如图 5.26 所示。

（5）选择菜单栏中的"图像→调整→色相/饱和度"命令，将红色的饱和度调低，如图 5.27 所示。

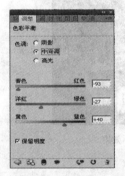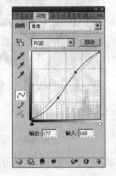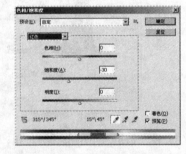

图 5.25　色彩调整　　　　　图 5.26　曲线调整　　　　　图 5.27　色相饱和度调整

（6）选择菜单栏中的"图像→调整→色阶"命令，对照片明暗对比度进行调整，如图 5.28 所示，最终得到如图 5.29 所示的唯美效果。

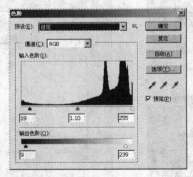

图 5.28　色阶调整　　　　　　　　　　　　图 5.29　最终效果图

5.5　柔和梦幻色彩的调法

（1）用 Photoshop 打开一张要制作梦幻色彩的图片，如图 5.30 所示。

图 5.30　原图

（2）按图层下方的 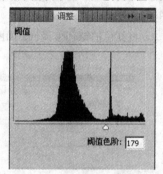 按钮，选择阈值，为图片设置一个阈值如图 5.31 所示，效果如图 5.32 所示。

图 5.31　阈值设置　　　　　　　　　　图 5.32　设置阈值后效果

（3）在"通道"下单击　按扭，调出高光区。如图 5.33 所示。

（4）隐藏阈值效果图层，同样按下 按钮，选择曲线，将图像调暗如图 5.34 所示。并为曲线图层添加一蒙版，用黑色橡皮擦工具将人物擦出来。

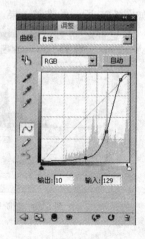

图 5.33　调出高光区　　　　　　　　　　图 5.34　曲线设置

（5）按下 按扭，选择"色相/饱和度"，参数设置如图 5.35～图 5.38 所示，效果如图 5.39 所示。第（3）和（4）步主要把图像变暗，同样为该图层添加一蒙版，用黑色橡皮擦工具将人物擦出来。

图 5.35 色相饱和度设置 1

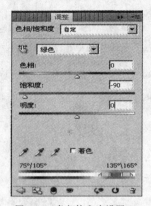
图 5.36 色相饱和度设置 2

图 5.37 色相饱和度设置 3

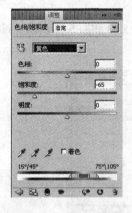
图 5.38 色相饱和度设置 4

图 5.39 变暗后效果

（6）新建一个图层，按 Ctrl+Alt+Shift+E 盖印图层，把图层混合模式改为"滤色"，图层不透明度改为 60%，加上图层蒙版用黑色画笔把人物部分擦出来，效果如图 5.40 所示。

（7）新建一个图层，按字母"D"把前背景颜色恢复到默认的黑白，然后执行：滤镜>渲染>云彩，确定后把图层混合模式改为"叠加"，加上图层蒙版用黑色画笔把人物部分擦出来，效果如图 5.41 所示。

图 5.40 盖印图像后效果

图 5.41 添加云彩后效果

（8）继续按 Ctrl + Alt + Shift + E 盖印图层，把图层混合模式改为"滤色"，图层不透明度改为 50%，加上图层蒙版用黑色画笔把人物部分擦出来，效果如图 5.42 所示。

图 5.42　盖印图像后效果

（9）创建曲线调整图层，对红色及蓝色调整，参数设置如图 5.43 和图 5.44 所示，同样用黑色橡皮擦将人物擦出来，效果如图 5.45 所示。

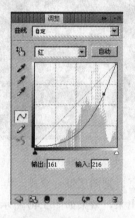 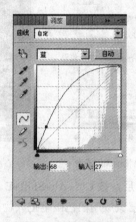

图 5.43　曲线设定 1　　　　　　　　图 5.44　曲线设定 2

图 5.45　梦幻效果 1

如果不喜欢这种色彩，还可继续通过调整曲线，调出自己喜欢的色调来。图 5.46 是另一种色彩的效果。

图 5.46   梦幻效果 2

5.6   光线过暗照片的处理方法

在拍照时，由于光线过暗，可能会影响照片的效果，这里介绍一种简单的方法，使照片效果更加美观。

（1）打开一幅光线过暗的照片，如图 5.47 所示。

图 5.47   光线过暗照片原图

（2）将原图复制一层,并执行"滤镜→杂色→减少杂色"命令对照片进行处理，按图 5.48～图 5.51所示的设置，效果如图 5.52 所示。

图 5.48   减少杂色设置 1

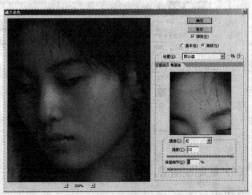

图 5.49   减少杂色设置 2

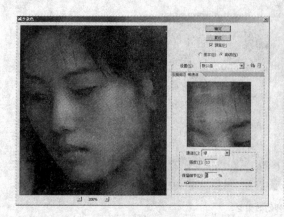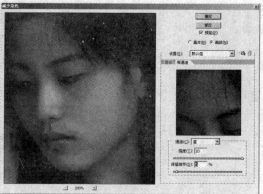

　　图 5.50　减少杂色设置 3　　　　　　　　　　　　图 5.51　减少杂色设置 4

　　（3）执行"图象→调整→匹配颜色"命令，勾选"中和"，对颜色强度和明亮度做适当调整，如图 5.53 所示。

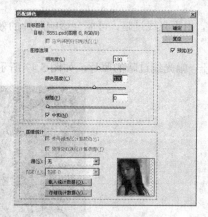

　　图 5.52　使用杂色滤镜后效果　　　　　　　　　　图 5.53　匹配颜色设置

　　（4）执行"图象→应用图象"命令将人物变白，将混合模式改为滤色，如图 5.54 所示，效果如图 5.55 所示。

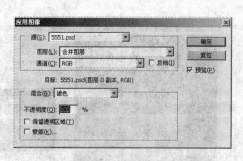

　　图 5.54　应用图像设置　　　　　　　　　　　　　图 5.55　应用图像后效果

　　（5）复制该图层，并对复制图层执行"滤镜→模糊→高斯模糊"命令，将模糊半径设为 3.5，如图 5.56 所示。

图 5.56　高斯设置

　　（6）将模糊后图层的叠放模式改为"滤色"，不透明度设为 70%，如图 5.57 所示，最终效果如图 5.58 所示。

图 5.57　图层叠放模式

图 5.58　初步效果

　　（7）图 5.58 中的人物，颜色偏白，可对其色调进行调整，执行"图像→调整→照片滤镜"命令对色温进行调整，如图 5.59 所示，最终效果如图 6.60 所示。

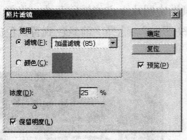

图 5.59　照片滤镜设置

图 5.60　最终效果图

思　考　题

1．如何用 Photoshop 进行数码照片的处理和润饰？

2．数码照片的处理和润饰常用的工具有哪些？

3．完成书中介绍的数码照片的处理和润饰。

4．完成自己数码照片的处理和润饰。

第6章 实物制作

【内容】

本章主要介绍如何用 Photoshop 制作实物、景色等的技巧。

【目的】

学会制作一些常用的物品、实景等。

【实例】

实例 6-1: 雪景的制作。

实例 6-2: 西瓜的制作。

实例 6-3: 光盘的制作。

实例 6-4: 闪电的制作。

实例 6-5: 水波波纹的制作。

实例 6-6: 光圈的制作。

实例 6-7: 香烟的制作。

6.1 雪景的制作

（1）选择一幅要制作雪景的图片，用 Photoshop CS4 打开，如图 6.1 所示，将其拖拽至图层下方的新建图层按扭上复制一个副本。

（2）选中副本图层，用工具栏中的索套工具选中图片下方的绿色草地，将前景色调为黑色，背景色调为白色，并点"图像"→"调整"→"渐变影射"，选择"前景色到背景色的渐变方式"并在渐变选项栏目中选择"反向"如图 6.2 所示。

图 6.1 素材图   图 6.2 渐变设置

（3）点击图层下方的 按扭，选择色阶，对图片的颜色进行调整，按图 6.3 设置，为图片增加冬天气氛，效果如图 6.4 所示。

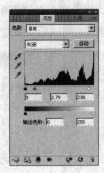

图 6.3　色阶设置　　　　　　　　　　图 6.4　冬日效果图

（4）新建一个图层，选择"编辑"→"填充"命令，将新建图层填充为黑色，并选择"滤镜"→"像素化"→"点状化"命令，如图 6.5 所示，将单元大小设为 13（单元大小可根据要制作的雪景做适当调整），单击"确定"按扭，为图层添加一些白色杂点。

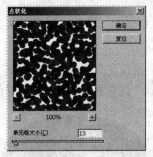

图 6.5　点状化设置

（5）选择"图像"→"调整"→"阈值"命令，将图像调整为黑白。阈值大小可根据制作的雪景中雪片的大小来设置，如图 6.6 所示，图层效果如图 6.7 所示。

图 6.6　阈值设置　　　　　　　　　　图 6.7　雪景图层效果

（6）选择图层工具栏中的图层叠放模式命令，将该图层调整为"滤色"，如图 6.8 所示。

图 6.8　图层叠放模式设置

（7）选择"滤镜"→"模糊"→"动感模糊"命令，在"动感模糊"对话框中设置角度和距离，如图 6.9 所示，也可根据需要适当调节参数。这样雪景效果就出来了，完成后雪景效果如图 6.10 所示。

图 6.9　动感模糊设置　　　　　　　　　　图 6.10　雪景效果图

6.2　西瓜的制作

（1）新建一背景为白色的文档，选用工具栏中的椭圆选框工具，绘制一西瓜形状的椭圆，并将前景色设为绿色，按"Alt＋Backspace"键将椭圆选区填充为绿色，如图 6.11 所示。

图 6.11　西瓜形状椭圆

（2）选用工具栏中的渐变工具，将渐变方式调为从"前景色到透明"的"径向渐变"方式，将模式改为"强光"，如图 6.12 所示。

图 6.12　渐变设置

（3）在椭圆区域内由中心向四周拖拽，得到如图 6.13 所示效果。

（4）新建一图层，使用钢笔工具给椭圆画上弧形条纹，如图 6.14 所示。

图 6.13　渐变后效果　　　　　　　　图 6.14　弧形条纹

（5）选择画笔工具，调整画笔大小，将前景色调为黑色。在路径面板中，单击"用画笔描边路径"按扭，如图 6.15 所示。得到如图 6.16 所示效果。

图 6.15　画笔描边路径　　　　　　　　　图 6.16　描边后效果

（6）选中新建图层，选择"滤镜"→"扭曲"→"波纹"命令，数量值取 269，大小取中，如图 6.17 所示，扭曲后效果如图 6.18 所示。

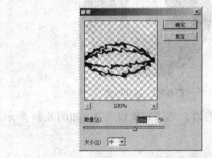

图 6.17　波纹设置图　　　　　　　　　图 6.18　扭曲后花纹

（7）按"Ctrl"键单击椭圆所在图层，得到椭圆选区，选择→反向。并回路径图层，按"Delete"删除椭圆以外的线条。得到初步效果如图 6.19 所示。

（8）给西瓜做一个投影，点击图层工具栏下方的添加图层样式按扭，按如图 6.20 所示对话框设置。

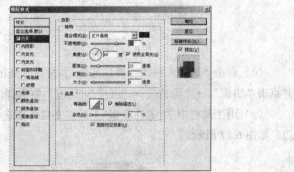

图 6.19　西瓜初图　　　　　　　　　图 6.20　添加图层样式

（9）用图层工具栏下方的色阶和曲线菜单对西瓜的光线进行调整。最终效果如图 6.21 所示。

图 6.21　最终效果图

6.3 光盘的制作

（1）新建一个 500×500 像素的图像文件，用椭圆选框按住"Shift"键在画布上画出一个正圆形，并填充为蓝色。如图 6.22 所示。

（2）点击"选择"→"变换选区"，按住"Shift+Alt"键并用鼠标将选区等比例缩小，单击"应用"按扭，并按"Delete"键出现如图 6.23 所示圆环效果。

图 6.22　正圆形　　　　　　　　　　图 6.23　圆环效果

（3）选择"编辑"→"描边"给内侧区域描上黑色的边。描边宽度设为 3，如图 6.24 所示，得到如图 6.25 所示的效果。

图 6.24　描边设置　　　　　　　　　图 6.25　描边后效果

（4）点击"选择"→"变换选区"，并按住"Shift+Alt"键将选区等比例扩大至如图 6.26 所示。并点击"图像"→"调整"→"亮度/对比度"将选择区内亮度变暗。

（5）用工具栏中的"磁性套索"工具将光盘外侧选中，选择"编辑"→"描边"给光盘外侧描上边，如图 6.27 所示。

图 6.26　变暗效果　　　　　　　　　图 6.27　外侧描边后效果

（6）用工具栏中的"魔棒工具"点光盘图层中任意空白位置，将光盘呈圆环形选中。

（7）新建一图层，点击工具栏中的渐变工具，并点击属性栏，按图 6.28 设置渐变颜色。渐变方式设为"角度渐变"。

（8）在新建图层中，由中心向四周拖拽鼠标，并在图片混合模式中选择"叠加"模式。可得到如图 6.29 所示效果。

图 6.28 渐变设置　　　　　图 6.29 光盘最终效果

6.4 闪电的制作

（1）新建一 RGB 颜色模式文档，将前景色设为白色背景色高为黑色，并在渐变方式中选择从"前景到背景的线性渐变方式"模式为"强光"。如图 6.30 所示。

图 6.30 渐变设置

（2）新建一图层，从左下方向向右上方向拖动力鼠标，出现如图 6.31 所示渐变效果。

（3）执行"滤镜"→"渲染"→"分层云彩"命令，效果如图 6.32 所示。

图 6.31 渐变效果图　　　　　图 6.32 分层云彩效果

（4）选择"图像"→"调整"→"色阶"命令，弹出"色阶"对话框，如图 6.33 所示，使得明暗突出，效果如图 6.34 所示。

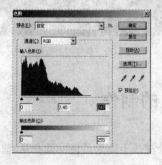

图 6.33 色阶设置　　　　　图 6.34 调整色阶后效果

（5）选择"图像"→"调整"→"反色"命令，效果如图 6.35 所示。

图 6.35　反色效果

（6）再执行"图像"→"调整"→"色阶"命令，设置如图 6.36 所示，调出闪电效果如图 6.37 所示。

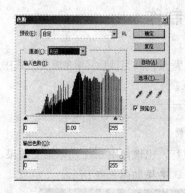

图 6.36　色阶设置

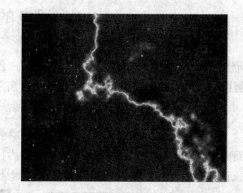

图 6.37　闪电初图

（7）执行"图像"→"调整"→"色相/饱和度"命令，在弹出的对话框中选择"着色"，参数设置如图 6.38 所示。最终得到闪电效果如图 6.39 所示。

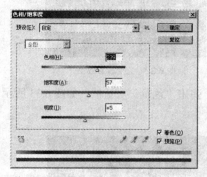

图 6.38

图 6.39　最终闪电效果

6.5　水波波纹的制作

（1）新建一空白文档，将前景色和背景色设为两种深浅不同的蓝色，选择从"前景到背景色"的径向渐变方式。按如图 6.40 所示设置颜色。

（2）在画布上从左下角向右上角拖动鼠标，得到如图 6.41 所示渐变效果。

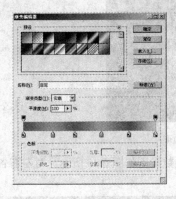
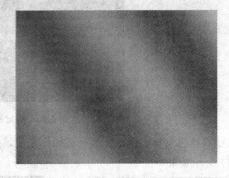

图 6.40　渐变颜色设置　　　　　　　　　　　图 6.41　渐变效果

（3）选择画笔工具，设置较大的笔形，在图层上方，随意涂上白色。如图 6.42 所示。

图 6.42　涂上白色后效果

（4）执行"滤镜"→"扭曲"→"波纹"设置将数量设为最大，大小选中，如图 6.43 所示，最后可得到如图 6.44 所示效果。

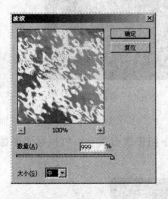
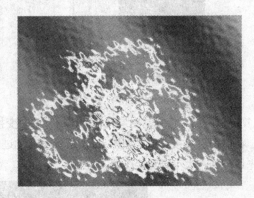

图 6.43　波纹设置　　　　　　　　　　　图 6.44　波纹效果

6.6　光圈的制作

（1）新建一文档，将背景色填为黑色，用工具栏中的"多边形套索工具"绘制如图 6.45 所示形状，并填充上颜色。

图 6.45　绘制多边形

（2）执行"滤镜"→"风格化"→"风"命令，参数设置如图 6.46 所示。对左右各执行几次，得到如图 6.47 所示效果。

图 6.46　"风格化"对话框

图 6.47　风格化后效果

（3）执行"滤镜"→"模糊"→"动感模糊"命令，参数设置如图 6.48 所示，再执行"滤镜"→"模糊"→"进一步模糊"命令，得到如图 6.49 所示的效果。

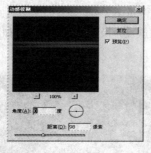

图 6.48　动感模糊设置

图 6.49　模糊后效果

（4）复制该图层，将复制图层执行"编辑"→"变换"→"水平翻转"，而后选中复制副本，用移动工具，将两图层对接。效果如图 6.50 所示，在此过程中如果画布太小，可执行"图像"→"画布大小"先调整画布大小再对接图像。

图 6.50　对接后效果

（5）执行"图像"→"调整"→"色阶"命令，将图像调亮，效果如图 6.51 所示。

图 6.51 调整亮度后效果

（6）用矩形工具将中间部分选中。Ctrl+X，Ctrl+V，则出现一个新图层。执行"滤镜扭曲极坐标"选择"从平面坐标到极坐标"，如图 6.52 所示，效果如图 6.53 所示。

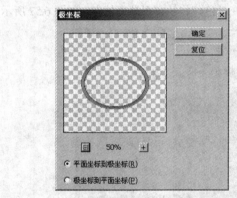

图 6.52 极坐标设置

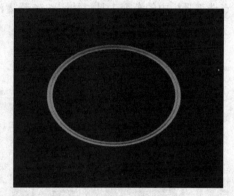

图 6.53 光圈

（7）将光圈图层复制几层后，对选中每一层按"Ctrl+T"对光圈进行变形，并对光线进行调整，得到如图 6.54 所示的效果。

图 6.54 最终效果图

6.7 香烟的制作

（1）新建一文档，将背景填充淡蓝色，并在图层上用"矩形选框工具"画出一个长方形，如图 6.55 所示。

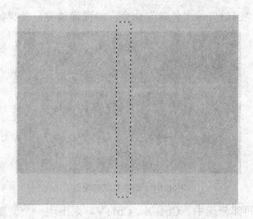

图 6.55　矩形选框

（2）点选工具栏中的渐变工具，按图 6.56 设置渐变颜色，将长方形渐变填充，如图 6.57 所示。

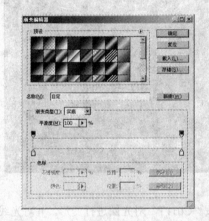

图 6.56　渐变设置

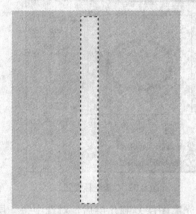

图 6.57　填充后效果

（3）执行"滤镜"→"模糊"→"高斯模糊"将边缘模糊，如图 6.58 所示。

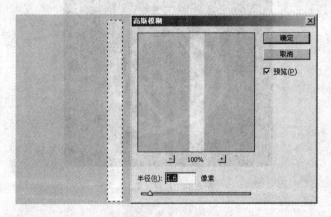

图 6.58　高斯模糊设置

（4）新建一图层，将前景色和背景色设为两种不同的黄色，执行"滤镜"→"渲染"→"云彩"命令，得到烟嘴颜色，效果如图 6.59 所示。

（5）按"Ctrl+T"键，用鼠标将烟嘴颜色图层调整到烟嘴大小，如图 6.60 所示。

图 6.59 烟嘴颜色

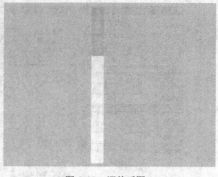

图 6.60 调整后图

（6）制作烟嘴，对局部地方选中后，执行"图像"→"调整"→"亮度/对比度"对亮度进行调整，效果如图 6.61 所示。

（7）利用放大工具对香烟放大后，加上烟名，如图 6.62 所示，这样一支烟就做成了。

图 6.61 亮度对比度设置

图 6.62 香烟

（8）下面在此香烟的基础上绘制一个正在燃烧的烟头，新建一图层，用黑色填充，用画笔工具和橡皮檫工具画出烟头，绘制烟头时，可用放大工具将烟头放大后再绘制，效果如图 6.63 所示。

（9）制作烟雾，用文字工具在新建图层上随便写出几个字。并执行"图层"→"栅格化"→"文字"。再执行"滤镜"→"模糊"→"动感模糊"，将距离设为 300，如图 6.64 所示。

图 6.63 烟头图

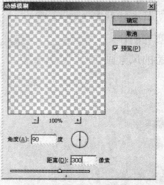

图 6.64 动感模糊设置及效果

（10）执行"滤镜"→"扭曲"→"波浪"命令，参数设置如图 6.65 所示。

（11）再将轻烟复制一个图层，按"Ctrl+T"键通过自由变换后得到如图 6.66 所示的烟雾效果。

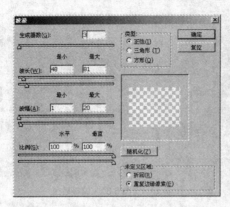
图 6.65　波浪设置

图 6.66　烟雾

（12）最后将两个烟雾图层合并，并将轻烟用移动工具，将其移到烟头上，即可得到如图 6.67 所示的效果，这样香烟的制作就结束了。

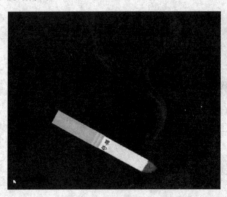
图 6.67　香烟最终效果

思 考 题

1．如何用 Photoshop 制作实物？
2．实物制作常用的工具有哪些？
3．完成书中介绍的实物制作。
4．制作一张自己熟悉的风景画。

第 7 章　广 告 设 计

【内容】

本章主要以几个简单的例子来介绍如何处用 Photoshop 来进行广告设计，为广告添加特殊效果等。

【目的】

学会设计简单的广告、宣传画等。

【实例】

实例 7-1: 咖啡广告设计。

实例 7-2: 直投广告的制作。

实例 7-3: 啤酒杯广告设计。

实例 7-4: 手机广告设计。

实例 7-5: 跑车广告设计。

7.1　咖啡广告设计

（1）新建一个文件，设置背景色为黑色。

（2）选择工具箱中的"文字工具"，在窗口中输入文字，并在菜单中选择"图像→栅格化→文字"，将文字栅格化处理，图像效果如图 7.1 所示。

（3）选择文字图层，执行菜单栏中的"滤镜→模糊→动感模糊"命令，参数按照图 7.2 所示设置。图像效果如图 7.3 所示。

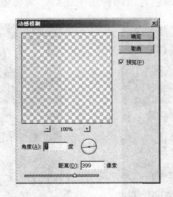

图 7.1　栅格化效果　　　　　　图 7.2　动感模糊设置　　　　　　图 7.3　动感模糊效果

（4）接着执行菜单栏中的"滤镜→扭曲→波浪"，设置参数如图 7.4 所示，如果变形效果不满意，可以单击随机化按钮来调整，执行此命令后，图像效果如图 7.5 所示。

（5）复制文字图层，选择菜单中的"编辑→变换→旋转 90 度"，完成后分别对两个图层按下"Ctrl+T"键对图层进行自由变换，调整它的大小和位置，并点选图层下方的效果按扭，选择曲线，调整烟雾效果，如图 7.6 所示。烟雾效果如图 7.7 所示。

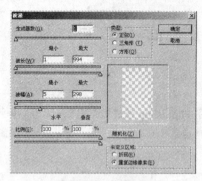

图 7.4　波浪设置

图 7.5　扭曲后效果

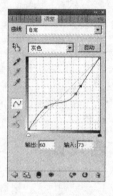

图 7.6　曲线设定

图 7.7　烟雾效果

（6）将倒满咖啡的杯子，拖到文件内，置于文字图层下方，按"Ctrl+T"对杯子进行自由变换后，点击应用，效果如图 7.8 所示。

（7）将杯子图层复制，置于原图层下方，并选择"编辑"→"变换"→"垂直翻转"，选中复制副本图层将其向下拖动，并将重叠黑色背景部份选中删除。最终效果如图 7.9 所示。

图 7.8　咖啡杯

图 7.9　杯子倒影

（8）在倒置杯子图层中，点击图层工具栏下方的添加矢量蒙板按扭，为图层添加一个蒙板。点选工具栏中的渐变工具，选择"线性渐变"，"从前景到透明的渐变方式"，如图 7.10 所示。

（9）在蒙板上自下向上拖拽，即可出现图 7.11 所示的倒影效果。

（10）打开素材文件咖啡豆，将其拖于背景图层上方，为其添加一个蒙板，为其设置一个从前景到背景的渐变效果，效果如图 7.12 所示。

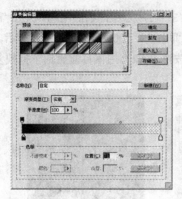

图 7.10　渐变设置　　　　图 7.11　渐变后倒影效果　　　图 7.12　加入咖啡豆后效果

（11）再选中烟雾图层，选择"直排文字工具"输入白色文字，单击属性栏中的"创建变形文本"按钮，选择旗帜，按图 7.13 设置对参数。

图 7.13　文字设置

（12）将点击图层→栅格化→文字，将文字栅格化。再选择滤镜→模糊→动感模糊，在设置"动感模糊"时。距离不宜过大，如图 7.14 所示。设置后效果如图 7.15 所示。

（13）最后输入广告词，同样对文字效果作适当调整。最终效果图如图 7.16 所示。

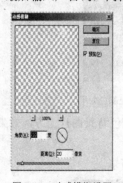

图 7.14　动感模糊设置　　　　图 7.15　烟雾中加入文字　　　　图 7.16　最终效果图

7.2　直投广告的制作

当你在一条繁华的街道走过时，常会有人给你发一些宣传卡片，这就是直投广告，下面我们用一个加盟广告的例子来说明如何制作直投广告。

（1）新建一个文档，画布大小可根据要制作的宣传画纸张的大小来确定。用绿色填充。如图 7.17 所示。

（2）设置前景色为黄色，选择"铅笔"工具，设置一个"主直径"为 9 像素的笔刷。点击"窗口→画笔"打开画笔调板，在其中单击"画笔笔尖形状"选项，设置"间距"为 1000%，如图 7.18 所示。然后新建一个图层，按住"Shift"键在其中绘制两条水平线，并按住"Alt"用鼠标垂直向下拖拽复制，效果如图 7.19 所示。

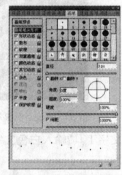

图 7.17　绿色画布　　　　　图 7.18　画笔设置　　　　　图 7.19　描点后效果

（3）选择"钢笔"工具，在图像底部绘制一个封闭的曲线轮廓，按"Ctrl+Enter"将路径转化为选区，如图 7.20 所示。

（4）新建一个图层，将选区内图像填充为黄色，然后对该图层进行垂直向下复制，依次选择"图像→调整→色相/饱和度"菜单命令，打开"色相/饱和度"对话框，在其中调整"色相"和"明度"参数颜色，使各图层颜色协调。效果如图 7.21 所示。

图 7.20　封闭路径　　　　　　图 7.21　下方填充颜色效果

（5）导入柔化背景图片，按"Crtl+T"调整其大小，将其放入绿色背景图片上方，效果如图 7.22 所示。

（6）同样导入一张与宣传主题(剪纸)相关的图片，如图 7.23 所示。

图 7.22　导入背景图效果　　　　图 7.23　导入剪纸后效果

（7）输入广告词。选用文字工具，输入广告词。并设置字体样式。这样就基本上完成了广告的制作，各图层的排列如图 7.24 所示，最终效果如图 7.25 所示。

图 7.24　图层叠放秩序　　　　　　图 7.25　最终效果图

7.3　啤酒杯广告设计

在一些啤酒宣传广告上，经常可以看到厂家在啤酒杯子上做出一些晶莹剔透的水珠，看上去特别吸引人，下面就用一个例子说明如何在啤酒杯子上做出水珠效果。

（1）打开素材文件，如图 7.26 所示。

（2）新建一图层。并用填充颜色，前景色与背景色设为两种深浅不同的黄色。

（3）执行"滤镜→渲染→纤维"，如图 7.27 设置，得到图 7.28 所示效果。

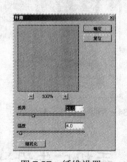

图 7.26　素材　　　　　图 7.27　纤维设置　　　　　图 7.28　纤维图层效果

（4）按下字母"D"设置前景色为黑色，背景色为白色，滤镜→纹理→染色玻璃，并按图 7.29 设置，效果如图 7.30 所示。

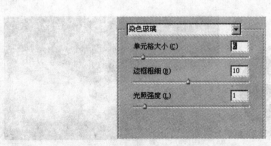

图 7.29　染色玻璃设置　　　　　图 7.30　效果图

（5）执行"滤镜→素描→塑料效果"，并按图 7.31 设置，效果如图 7.32 所示。

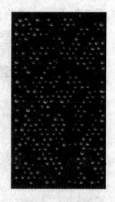

图 7.31　塑料效果设置　　　　　　　　图 7.32　效果图

（6）选择魔棒工具，容差设为 "32"，选择图像中的黑色部分，删除，取消选择。效果如图 7.33 所示。

（7）选中杯子图层，用魔棒工具将杯子外侧画布选中，在水珠图层上点"Delete"键将多余水珠删除。如图 7.34 所示。

（8）取消选区，将图层混合模式设为"叠加"并将不透明度设为"75 ％"，如图 7.35 所示。

图 7.33　效果图　　　　　图 7.34　删除多余部分后效果　　　　图 7.35　最终效果图

7.4　手机广告设计

下面来做一个简单的手机广告，所用素材如图 7.36 至图 7.38 所示。

图 7.36　素材 1　　　　　图 7.37　素材 2　　　　　　　图 7.38　素材 3

（1）素材 1，2，3 在同一文档内打开，将素材 3 设为背景，选中素材 1 图层。按下"Ctrl+T"进行自由变换，如图 7.39 所示。

（2）用矩形选框工具，选中地球，将地球复制，按下"Ctrl+V"粘贴，并按"Ctrl+T"将复制的地球图层自由变换至手机屏幕布上方。如图 7.40 所示。

图 7.39　效果图　　　　　　　　　　　　图 7.40　复制地球图层

（3）将复制图层隐藏，选中手机所在图层，用钢笔工具描出手机屏幕，按"Ctrl+T"将路径转化为选区，在显示并选中复制图层，执行"选择→反向"并按下"Delete"键，即将多余的部份删除。如图 7.41 所示。

（4）点击工具栏中的渐变工具栏，按图 7.42 设置渐变色彩。

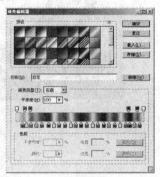

图 7.41　删除多余部分后效果　　　　　　　图 7.42　渐变设置

（5）新建一图层，按步骤（4）的设置，在渐变方式中选择线性渐变，对图层进行渐变填充。再执行"渐变→自由变换"对其变形为图 7.43 所示效果。

（6）点图层工具栏下方的 ▢ 按扭，为渐变图层添加一蒙版。将前景色设为黑色，渐变方式设为"从前景色到透明的渐变方式"，在蒙版上从右到左拖动鼠标，得到如图 7.44 所示的效果。

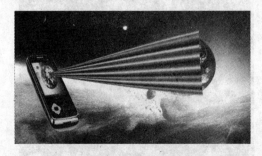
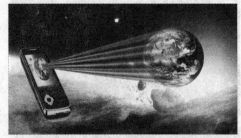

图 7.43　渐变后效果　　　　　　　　　　图 7.44　加蒙版后效果

（7）导入一人物图片，按"Ctrl+T"自由变换，如图 7.45 所示。

（8）将手机图层复制一个副本，按"Ctrl+T"变换到适合放入人物手为止。同时选中地球图层，将地球向上移动，并对渐变光茫图层进行自由变换，最后效果如图 7.46 所示。

（9）输入广告词，并调整字体，最后效果如图 7.47 所示。

图 7.45　导入人物后效果

图 7.46　初步效果图

图 7.47　最终效果图

7.5　跑车广告设计

　　在一些轿车广告图片上，经常会出现极速的效果，实际用 Photoshop 能将一辆静止的车做出飞速的效果来。下面我们用实例来说明如何制作出极速的效果。找两张静态的图片素材如图 7.48 和图 7.49 所示。

图 7.48　素材 1

图 7.49　素材 2

（1）用 Photoshop CS4 打开素材 1，由于图片高速路部份在图中所占比例太小，为了效果更好，先将图片进行裁切，点击工具栏中的裁剪工具，在图上选择要留下的区域，将其余部分裁掉，如图 7.50 所示。

图 7.50　裁剪图片

（2）点击菜单栏中的"图像→图像大小"或直接用快捷键"Alt+Ctrl+I"将裁切下的图像调大，如图 7.51 所示。

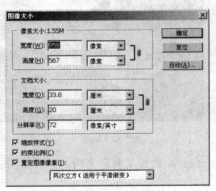

图 7.51　图像大小设置

（3）用工具栏中的污点修复画笔工具将外侧的路灯去掉，以免影响制作效果。

（4）点击图层工具栏下方的 按扭，选择曲线，对图像的明暗度进行调整。如图 7.52 所示。

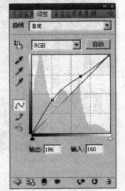

图 7.52　调整亮度

（5）同样点击图层工具栏下方的 按扭，选择色阶，对图像的进行调整，如图 7.53 所示。

图 7.53 色阶设置

通过第（4）（5）步的调整可让图象中亮部更亮，暗部更暗，增加图像的景深与层次感。

（6）打开汽车所在文档，用工具栏中的磁性套索工具将汽车轮廓描出来，如图 7.54 所示，并点击鼠标右键，在弹出的菜单中选择"羽化"，修改羽化值为 3(这里羽化值最好在 1～3 之间，过大或过小都会影响到扣图效果)。

图 7.54 扣图

（7）按"Ctrl+C"复制选区，点开路面背景所在文档，在背景图层的上方新建一个图层，按下"Ctrl+V"将图层粘贴。

（8）按"Ctrl+T"调出自由变换命令，将汽车放于背景上方，在调整过程中可将汽车所在图层的透明度降低，以方便调整。调整完成后点击应用如图 7.55 所示。

图 7.55 自由变换

（9）用工具栏中的套索工具将汽车前方玻璃以及车顶选中，"Shift+Ctrl+I"反向选择。

（10）点中背景图层，选择菜单栏中的"滤镜→模糊→径向模糊"，其数量不能太大，否则太模糊，看不清图像。模糊方法设为缩放，并在中心模糊栏的左下方点击鼠标。表示以此点为中心进行缩放。

如图 7.56 所示。再点中汽车所在图层，用同样的方法对选中汽车轮子进行模糊。确定后效果如图 7.57 所示。

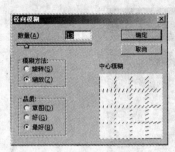 

图 7.56 径向模糊设置　　　　　　　　　　　图 7.57 模糊后效果

注意：步骤（10）也可以用"滤镜→模糊→动感模糊"来实现飞车的效果。

（11）选择工具栏中的文字工具，选择直排文字工具，如图 7.58 在图上输入广告词。选择合适的字体。

（12）选择文字属性栏中的创建文字变形按扭，如图 7.59 选择合适的形状，这里选旗帜形状，如图 7.60 所示。

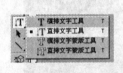 

图 7.58 文字工具　　　　　　　　　　　　图 7.59 文字属性栏

（13）最后在样式工具栏（见图 7.61）中选择一醒目的样式。最终得到图 7.62 所示效果。

图 7.60 变形文字设置　　　　　　　　　图 7.61 样式选择

图 7.62 效果图

（14）选中轿车图层，用快速选择工具将车窗玻璃选中后，点击"滤镜→模糊→高斯模糊"，车窗变为不透明状态，如图 7.63 所示。

图 7.63　车窗模糊

（15）新建一图层，点击图层下方的  按扭，选择渐变，设为背景到透明的渐变方式。并将渐变效果不透明度降低，如图 7.64 所示。最终效果如图 7.65 所示。

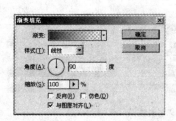

图 7.64　渐变设置　　　　　　　　　　　　图 7.65　最终效果图

思　考　题

1．如何用 Photoshop 设计广告？
2．广告设计常用的工具有哪些？
3．完成书中介绍的广告设计。
4．制作一张自己喜欢的食品广告。

第 8 章 照片与图形图像的处理

【内容】

本章主要介绍照片与图形图像的处理等方面的内容，包括变换图像，图像的抽出、剪切、复制、清除、描边、填充、液化、色彩调整和修复过暗照片。

【目的】

为读者提供照片与图形图像的处理的基础知识和操作方法。

【实例】

实例 8-1：图像的变换。

实例 8-2：图像的抽出。

实例 8-3：图像的剪切、复制和粘贴以及清除。

实例 8-4：图像的描边。

实例 8-5：图像的填充。

实例 8-6：图像的液化。

实例 8-7：图像色彩和色调的调整。

实例 8-8：修复过暗照片。

8.1 图像的变换

一、制作目的

当我们需要对图像进行旋转、自由变换等处理时可以通过 Photoshop 中的相关命令来实现。

二、知识背景

将要处理的区域选定，然后选择"图像/旋转画布"命令；在下拉菜单中选择相应的命令进行操作即可，也可以在创建好选区之后使用快捷命令"Ctrl+T"对选区进行旋转、倾斜、缩小、放大、扭曲等变换。

8.1.1 背景的旋转

（1）选择"文件→打开"命令，在弹出的对话框中选择要处理的图像，单击"打开"按钮。

（2）选择"图像→旋转画布→180 度（1）"对背景进行一次 180°旋转，效果如图 8.1 所示。

（3）选择"图像→旋转画布→90 度（顺时针）（9）"对背景进行一次顺时针 90°的旋转，效果如图 8.1 所示。

（4）选择"图像→旋转画布→任意角度（A）"弹出对话框如图 8.2 所示。

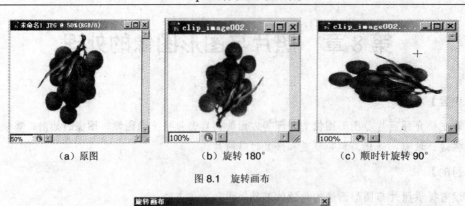

|（a）原图|（b）旋转180°|（c）顺时针旋转90°|

图 8.1　旋转画布

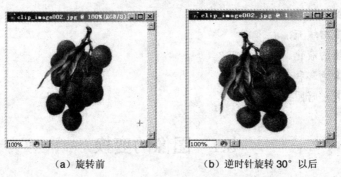

图 8.2　旋转画布参数设置

对角度进行适当调整，"确定"即可实现对背景进行任意角度的旋转。效果如图 8.3 所示。

|（a）旋转前|（b）逆时针旋转30°以后|

图 8.3　旋转画布

8.1.2　自由变换

通过自由变换可以实现对图像局部的任意角度旋转、缩小、放大等变换。

（1）选择"文件→打开"命令，在弹出的对话框中选择要处理的图像，单击"打开"按钮。

（2）使用"选取工具" 在图像上选取一块区域，选择"编辑→自由变换"或者使用快捷命令"Ctrl+T"键，在进行这项操作时把鼠标移动到选区附近的每个节点上时，鼠标会变成双向箭头，然后拖动鼠标即可对选区进行相应的调整，按"Enter"键确定，如果想放弃上一次对图像的调整可以按"Esc"键，效果如图 8.4 所示。

图 8.4　自由变换

8.1.3　扭曲变换

（1）"文件→打开"在弹出的对话框中选择要处理的图像，单击"打开"。

（2）将要处理的区域选定。

（3）选择"编辑→变换"命令，在相应的子菜单中（如右图）选择"扭曲"命令，这时将鼠标移动到选区节点附近，拖动鼠标将实现对选区图像的扭曲变换，按"Enter"键确定，如图 8.5 所示。

（a）　　　　　　　　　　　　　　　　　（b）

图 8.5　扭曲变换

8.1.4　透视变换

（1）"文件→打开"在弹出的对话框中选择要处理的图像，单击"打开"。

（2）将要处理的区域选定。

（3）选择"编辑→变换"命令，在相应的子菜单中选择"透视"命令，这时将鼠标移动到选区节点附近，拖动鼠标将实现对选区图像的透视变换，按"Enter"键确定，如图 8.6 所示。

（a）　　　　　　　　　　　　　　　　　（b）

图 8.6　透视变换

8.1.5　变形变换

（1）"文件→打开"在弹出的对话框中选择要处理的图像，单击"打开"。

（2）将要处理的区域选定。

（3）选择"编辑→变换"命令，在相应的子菜单中选择"变形"命令，这时将鼠标移动到选区节点附近，拖动鼠标将实现对选区图像的变形变换，按"Enter"键确定，如图 8.7 所示。

图 8.7　变形变换

8.1.6　局部旋转和翻转

前面介绍了整个背景的旋转，现在介绍局部选区的旋转和翻转操作。

（1）"文件→打开"在弹出的对话框中选择要处理的图像，单击"打开"。

（2）选定将要处理的区域。

（3）选择"编辑→变换"命令，在相应的子菜单中选择相应的变换命令。局部旋转 180°，选择"编辑→变换→旋转 180 度（1）"，可以使选区的图像旋转 180°。局部旋转 90°，选择"编辑→变换/旋转 90 度（顺时针）（9）"，可以使选区的图像按顺时针旋转 90°；选择"编辑→变换→旋转 90 度（逆时针）（0）"，可以使选区的图像按逆时针旋转 90°。效果如图 8.8 所示。

图 8.8　局部旋转和翻转

8.1.7　局部翻转

（1）"文件→打开"在弹出的对话框中选择要处理的图像，单击"打开"。

（2）将要处理的区域选定。

水平翻转：选择"编辑→变换→水平翻转"即可实现选区的水平翻转。

垂直翻转：选择"编辑→变换→垂直翻转"即可实现选区的垂直翻转。效果如图 8.9 所示。

　　　　（a）水平翻转　　　　　　　　　　　　　（b）垂直翻转

图 8.9　局部翻转

8.2　图像的抽出

一、制作目的

在图像处理过程中经常需要创建选区，而对于一些图像使用常规的选取工具是很难完成的，使用抽出命令可以帮助用户快速地完成此类选区的选取。例如人物、头发、羽毛、植物以及山丘等一些形状不规则的图像的抽出。

二、背景知识

使用抽出命令时选择"滤镜/抽出"或者使用快捷命令"Ctrl+Alt+X"键。

三、操作过程

（1）"文件→打开"在弹出的对话框中选择要处理的照片，单击"打开"。

（2）选择"滤镜→抽出"或者使用快捷命令"Ctrl+Alt+X"键，打开如图 8.10 所示的"抽出"对话框。

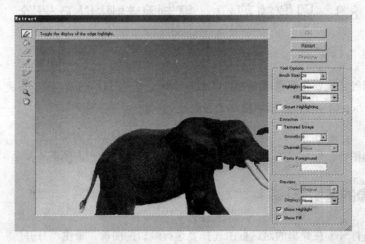

图 8.10　打开"抽出"对话框

（3）在图 8.10 的"抽出"对话框中选择"边缘高光器工具" ，对"抽出"对话框右边的参数进行调整（见图 8.11）。

Brush Size：设置画笔大小。

Highlight：设置边缘高光器工具画笔的颜色。

Fill：设置填充颜色。

Smart Highlighting：选中系统将会自动调整笔触大小。

图 8.11　参数设置

（4）通过拖动鼠标沿要抽出物体轮廓进行描绘，效果如图 8.12 所示。

（5）描绘好边缘之后，单击"填充工具" ，然后在描绘的图像内部单击鼠标，效果如图 8.13 所示。

图 8.12　轮廓描绘

图 8.13　抽出图像

8.3　图像的剪切、复制和粘贴以及清除

一、制作目的

在处理图像时经常需要将图像或图像的局部进行剪切、复制和粘贴以及清除以便达到我们需要的效果，利用 Photoshop CS4 可以轻松解决这一问题。

二、知识背景

选中要编辑的图像，然后在工具栏"编辑"的下拉菜单中找到相应的命令，单击即可。

8.3.1　图像的剪切

（1）"文件→打开"在弹出的对话框中选择要进行编辑的图像，单击"打开"。

（2）使用"选取工具" 将要剪切的图像进行选取，然后选择"编辑→剪切"或使用快捷命令"Ctrl+X"键，即可将选中的区域剪切掉，剪切后的区域将用背景填充。如图 8.14 所示。

图 8.14　剪切前后图像效果对比（背景颜色为白色）

8.3.2　图像的复制和粘贴

（1）"文件→打开"在弹出的对话框中选择要进行编辑的图像，单击"打开"。

（2）和图像的剪切一样，首先创建一块选区，然后选择"编辑/复制"或使用快捷命令"Ctrl+C"键，然后在要粘贴的图层单击鼠标，选择"编辑/粘贴"或使用快捷命令"Ctrl+V"即可将已复制的图像粘贴到目的地，然后选择"移动工具" 在刚才已粘贴过来的图像上单击通过拖动鼠标可以将图像移动到适当的位置，也可以使用键盘的方向键来实现移动。效果如图 8.15 所示。

图 8.15　复制和粘贴

8.3.3　图形的清除

选择"编辑/清除"或者使用快捷命令"Delete"键，就可以将选中的区域内容清除，清除后的区域用背景来填充。效果如图 8.16 所示。

：

（1）图像"剪切"和图像"清除"的效果表面上看起来是一样的，但是"清除"命令与"剪切"命令是有区别的，"剪切"是将图像放入剪切板中，可供粘贴使用的，而"清除"命令是将图像删除，不可以供粘贴使用。

（2）创建选区时要注意尽量做得完美，因为选区创建的好坏与否对图像处理的最终效果的好坏有一定的影响。

图 8.16　图形清除

8.4　图像的描边

一、制作目的

要对选区边缘进行各式描绘时可以使用"描边"命令实现。

二、背景知识

创建好选区之后选择"编辑→描边"命令会弹出"描边"对话框，即可对选区进行边缘扫描。

三、操作过程

（1）"文件→打开"在弹出的对话框中选择要处理的照片，单击"打开"。

（2）使用选区工具 🔲 创建选区。

（3）选择"编辑→描边"命令，在弹出的描边对话框（见图 8.17）中设置各项参数。

宽度（W）：在其右边的文本框中输入数值，可以改变描边线条的宽的。

颜色：点击右边的方框会弹出颜色选择对话框，可以从中选择描边线条的颜色。

位置：提供三个选项可以确定描边与选区边框的相对位置，例如："内部（I）"表示描边在选框的内部；"居中（C）"表示描边在以选框为中心的位置；"居外（U）"表示描边在选框的外部。

图 8.17　描边对话框

模式（M）：单击文本框右边的按钮 🔽 会弹出下拉菜单，选择相应的选项可以配合"填充"命令设置透明度和着色模式，以便达到更好的效果。

不透明度（O）：可以通过在文本框中输入数值调节描边线条的透明度。

保留透明区域（P）：选中该复选框可以保护原来图层的透明区域，不会在描边时影响到原来的透明区域。

（4）对各项参数设置完成之后单击"确定"即可，效果如图 8.18 所示。

　　　　　（a）　　　　　　　　　　　　　　　　　　（b）

图 8.18　描边前后选区的效果对比

8.5　图像的填充

一、制作目的

要对选定区域进行前景色、背景色和图案等填充时可以使用"填充"命令实现。

二、知识背景

选择"编辑→填充"命令或者使用"Alt+Delete"填充前景，使用"Ctrl+Delete"填充背景色。

三、操作过程

（1）"文件→打开"在弹出的对话框中选择要处理的图像，单击"打开"。

（2）使用选取工具创建选区。

（3）选择"编辑→填充"命令（Shift+F5），弹出填充对话框，如图 8.19 所示。点击"使用（U）"右边的 ▼，选择要填充的内容，设置"模式"和"不透明度"。

图 8.19　填充对话框

注意：使用（U）：单击其右边的 ▼，会看到一个下拉菜单如图 8.20 所示，选择"前景色"使用前景色填充；选择"背景色"使用背景色填充；选择"颜色"会弹出一个颜色选择对话框，在里面可以选择想要填充的颜色；选择"图案"可以选择各种不同的图案进行填充；选择"历史记录"表示使用历史面板中标有图标的画面内容进行填充；选择"黑色"表示使用黑色进行填充；选择"50%灰色"表示使用中间亮度的灰色进行填充；选择"白色"表示使用白色进行填充，如图 8.20 所示。

图 8.20　选择"前景色"菜单

模式（M）：单击右边的 ▼，同样会出现一个下拉菜单，当用户在使用"使用（U）"列表的"图案"时，在该菜单中可以选择所需要的图案样式进行填充。

保留透明区域（P）：选中该复选框后，进行填充时将不影响原来图层的透明区域。

（4）在设置好"内容"和"混合"之后，单击"确定"按钮即可，效果如图 8.21 所示。

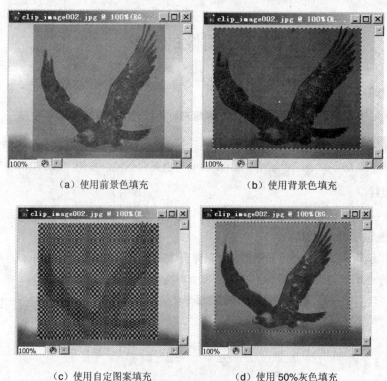

（a）使用前景色填充　　　　　　　　（b）使用背景色填充

（c）使用自定图案填充　　　　　　　　（d）使用 50%灰色填充

图 8.21　不同的填充效果

8.6　图像的液化

一、制作目的

需要对图像的局部进行像流体那样变形的特效变形就可以使用"液化"命令实现。

二、知识背景

选择"滤镜/液化"或着使用快捷命令"Shift+Ctrl+X"键。

三、操作过程

（1）"文件→打开"在弹出的对话框中选择要处理的图像，单击"打开"。

（2）选择"滤镜→液化"或着使用快捷命令"Shift+Ctrl+X"键，打开如图 8.22 所示的液化对话框。

图 8.22　液化对话框

在液化对话框右边设置各项参数：

画笔大小：设置光笔大小。

画笔密度：设置光笔的密度。

画笔压力：设置光笔的压力。

（3）在左边的工具栏里选择相应的工具，然后在图像预览窗口中按住鼠标左键拖动鼠标对图像进行变化操作。

调抹工具 ：可以使图像中被鼠标拖动的区域产生位移效果，如图 8.23 所示。

（a）原图　　　　　　　　　　　　（b）液化变形后

图 8.23　液化变形

顺时针旋转扭曲工具 ：将鼠标移动到图像区域内，然后按住鼠标左键不放，这样图像会渐渐按顺时针旋转扭曲，直到达到想要的效果时放开鼠标左键，如图 8.24 所示。

褶皱工具 ：将鼠标移动到图像区域内，然后按住鼠标左键不放，这样图像会渐渐向内产生褶皱变形效果，直到达到想要的效果时放开鼠标左键，如图 8.25 所示。

图 8.24　顺时针旋转扭曲　　　　　　　　图 8.25　褶皱

膨胀工具 ：将鼠标移动到图像区域内，然后按住鼠标左键不放，这样图像会渐渐产生膨胀变形效果，直到达到想要的效果时放开鼠标左键，如图 8.26 所示。

左推工具 ：将鼠标移到图像内，拖动鼠标可以实现左推特效变形，效果如图 8.27 所示。

（a）　　　　　　　　　　　　　　（b）

图 8.26　膨胀

镜像工具 ：在图像内推动鼠标可以实现图像复制推挤变形的效果，效果如图 8.28 所示。

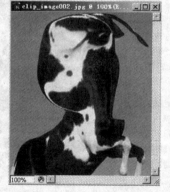

图 8.27　左推　　　　　　　　　　图 8.28　镜像

湍流工具 ：将鼠标移动到图像区域内，然后按住鼠标左键不放，这样图像会渐渐产生波纹变形效果，直到达到想要的效果时放开鼠标左键，如图 8.29 所示。

图 8.29　湍流　　　　　　　　　图 8.30　冻结蒙版

冻结蒙版工具 : 为了保护图像中不需要变形的部分可以使用冻结蒙版工具进行涂抹,如图 8.30 所示。

解冻蒙版工具 : 可以通过涂抹冻结区域来对该区域解冻。

抓手工具 : 可以用来移动放大后的图像。

缩放工具 : 可以用来调整图像在"液化"窗口中的显示比例。

重建工具 : 如果对图像中的变换不满意可以使用该工具恢复图像原貌。使用时将鼠标移动到目标区域,拖动鼠标,直到图像恢复原貌为止。

(4)在完成相应效果的变换之后,单击"液化"窗口右上角的"确定"即完成了图像的液化。

8.7　图像色彩和色调的调整

一、制作目的

要制作出一个完美的图像要求是很严格的,必须把每一个细节都做到无懈可击,其中图像的色彩和色调是影响图像品质的两个很重要的因素,所以要想做出完美的图像必须对那些色彩和色调有缺陷的图像进行必要的调整。在 Photoshop 中有很齐全的色彩、色调调整工具,我们可以使用它来调整图像的色阶、对比度、颜色、色彩平衡、饱和度、色相等相关参数。

二、知识背景

选择"图像→调整"命令,在弹出的快捷菜单中选择相应的操作,然后对其参数进行相应的设置就可以轻松实现图像色彩和色调的调整。

8.7.1　图像色彩的调整

通过"去色"、"可选颜色"、"替换颜色"、"色相/饱和度"、"通道混合器"、"渐变映射"、"变化"等命令可以使图像的色彩变得更加艳丽明亮。

(1)选择"文件→打开"在弹出的对话框中选中要处理的图像,单击"打开"。

(2)选择"图像→调整",会弹出快捷菜单,如图 8.31 所示(如果要对整个图像进行色彩调整则不必创建选区,如果仅对图像中的局部进行色彩调整,则要求将要调整的区域使用选取工具选中)。

图 8.31　选择"调整"菜单

各项命令的含义及功能如下：

去色（D）：选择"图像/调整/去色"命令可以去除图像中的饱和度信息，将图像中所有颜色的饱和度都改为 0，从而将图像由彩色模式变为灰色模式，效果如图 8.32 所示。

图 8.32　去色

可选颜色（S）：选择"图像/调整/可选颜色"命令可以在不影响其他原色的情况下对图像中某种原色进行在一定范围内有针对性的修改。在选择"图像/调整/可选颜色"命令后会弹出可选颜色对话框，如图 8.33 所示。

颜色（O）：用于选择颜色。

青色（C）、洋红（M）、黄色（Y）、黑色（B）：可以设置所选颜色中以上颜色的成分。

方法：选择"相对（R）"表示按 CMYK 的百分比来调整颜色；选择"绝对（A）"表示按 CMYK 的绝对值来调整颜色。

在设置好之后单击"确定"效果如图 8.34 所示。

图 8.33　可选颜色参数设置

图 8.34　效果图

替换颜色（R）：

选择"图像→调整→替换颜色"命令可以替换图像中的颜色，选择"图像→调整→替换颜色"命令会弹出替换颜色对话框如图 8.35 所示。使用吸管工具 ✐ 在图像预览窗口中单击选取要替换的颜色，再设置"颜色容差（F）"值来调整颜色替换范围，然后对"变换"里的三项参数进行设置来选择替换后的颜色。完成之后单击"确定"，效果如图 8.36 所示。

图 8.35　替换颜色参数设置

图 8.36　效果图

色相/饱和度（H）：

选择"色相/饱和度（H）"命令可以调整图像中单个颜色成分的色相、饱和度。选择"图像→调整→色相/饱和度（H）"命令，在弹出的色相饱和度窗口（见图 8.37）中对色相、饱和度、明度进行调整，完成之后单击"确定"，效果如图 8.38 所示。

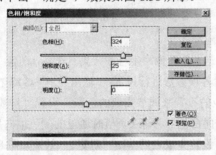

图 8.37　色相/饱和度参数设置

图 8.38　效果图

渐变映射（G）：

使用渐变映射可以改变图像的色彩，使用各种渐变模式可以对图像的颜色进行调整。选择"图像→调整→渐变映射（G）"命令，弹出如图 8.39 所示的对话框，设置各项参数："灰度映射所用的渐变"：在其下拉菜单中选择相应的渐变色，如图 8.40 所示；选择"仿色（D）"复选框将实现图像的抖动渐变（效果见图 8.41）；选择"反响（R）"复选框将实现图像的反向渐变（效果见图 8.42）。

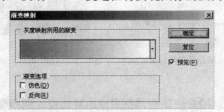

图 8.39　渐变映射设置

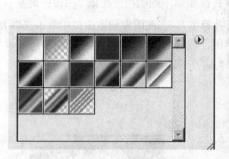

图 8.40　灰度映射

图 8.41　抖动渐变　　　　　　　　　　　图 8.42　反向渐变

通道混合器（X）：

　　使用"通道混合器"命令可以修改颜色通道，使图像产生合成效果。选择"图像→调整→通道混合器"命令，弹出如图 8.43 所示的对话框，对各项参数进行设置："输出通道（O）"在下拉菜单中选择通道；在"原通道"的三项参数中进行相应的设置来调节图像的色彩；设置"常数（N）"来调节图像的不透明度，当输入正值时通道的颜色偏向白色，当输入负值时通道的颜色偏向黑色；选择"单色"复选框图像将变成只含有灰度值的图像。设置完成之后单击"确定"，效果如图 8.44 所示。

图 8.43　通道混合器参数设置　　　　　　图 8.44　效果图

变化：

　　使用"变化"命令可以帮助用户快捷地调整图像的对比度、饱和度和色彩平衡。选择"图像/调整/变化"命令，弹出对话框（见图 8.44），然后依据对话框中的提示可以很快捷直观地调节图像的色彩，效果如图 8.45 所示。

图 8.44 "变化"对话框

图 8.45 效果图

8.7.2 图像色调的调整

图像色调的调整主要是依靠 Photoshop "图像/调整"中相应的命令对图像的明暗程度进行调整。

（1）选择"文件→打开"在弹出的对话框中选中要编辑的图像，单击"打开"。

（2）选择"图像→调整"在弹出的快捷菜单中选择相应的命令。快捷菜单中相应命令的含义及功能如下：

色阶（L）：色阶命令可以用来调整图像的明暗程度。选择"图像/调整/色阶"，弹出色阶对话框（见图 8.46），色阶对话框中的各项参数的意义如下：

通道（C）：点击通道右边的按钮 ▼ 在弹出的下拉菜单中选择颜色通道。

输入色阶（I）：在图形 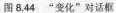 的下部有三个文本框，在第一个文本框中输入值（取值范围：0~253）用来调整图像的暗部色调，低于该值的像素将变为黑色；在第二个文本框中输入值（取值范围：0.10~9.99）用来调整图像中间色调；在第三个文本框中输入值（取值范围：1~255）用来调整图像的亮部色调，高于该值的像素将变为白色。

输出色阶（O）：在输出色阶的最下面有两个文本框，在第一个文本框中输入值（取值范围：0~255）用来提高图像暗部色调；在第二个文本框中输入值（取值范围：0~255）用来降低图像亮部的色调。

自动（A）：单击该按钮 Photoshop 软件将以 0.5 的比例来调整图像。

选项（T）：单击该按钮将打开"自动颜色校正选项"对话框，可以用来调整暗调、中间值的颜色切换和对自动颜色校正算法的设置。

吸管工具 ✒ ✒ ✒：可以用吸管工具来选择图像中的颜色。例如：单击黑色吸管工具 ✒，图像上所有像素的亮度值都会减去所选取色的亮度值使图像变暗；使用灰色吸管工具 ✒ 将用吸管所点处的像素的亮度值来调整图像上所有像素的亮度；使用白色吸管工具 ✒ 单击图像，则该图像上所有像素的亮度值都会加上所选取色的亮度值，使图像变亮。

对各项参数都设置好之后单击"确定"产生如图 8.47 所示的效果。

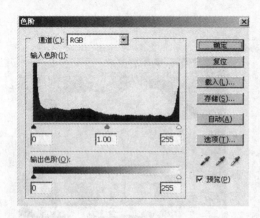

图 8.46　色阶参数对话框　　　　　　　　　　图 8.47　效果图

自动色阶（A）：选择"图像/调整/ 自动色阶"命令可以帮助用户直接自动调整图像的明暗度，去除图像中不正常的黑暗区和高光区。

自动对比度（U）：选择"图像/调整/ 自动对比度"命令可以自动调节图像整体的对比度。

自动色彩（O）：选择"图像/调整/ 自动色彩"命令可以自动调节图像整体的亮度和对比度。

曲线（V）：使用曲线命令可以综合调节图像的色彩、亮度、对比度，通过曲线调节可以改变图像的质感。选择"图像/调整/ 曲线"命令，弹出如图 8.48 所示的对话框。对"曲线"对话框中的各个参数进行设置，在对话框中有有一个坐标图，水平轴表示原来图像的亮度值（图像的输入值），纵坐标表示经过处理后图像的亮度值（图像的输出值）；使用工具 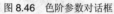 可以在图表中的各处创建结点产生色调曲线，拖动鼠标可以对色调曲线进行调整从而对图像的亮度进行调整，向上拖图像会变亮，向下拖图像会变暗，可以在曲线上创建多个结点，这样可以将曲线调节为较复杂的形状。单击按钮 后，将鼠标移动到图表范围内鼠标将变为画笔，通过拖动鼠标可以随意在图像上画出需要的曲线。单击"曲线显示选项"左边的按钮 将会弹出曲线显示选项相关菜单，如图 8.49 所示，通过选择复选框可以选择曲线的各项显示属性。在设置好各项参数之后单击"确定"，效果如图 8.50 所示。

色彩平衡（B）：选择"图像/调整/ 色彩平衡"命令可以用于调节复合颜色通道图像的色彩平衡，它可以改变彩色图像中颜色的混合，例如它可以用来纠正图像的偏色。在选择"图像/调整/ 色彩平衡"命令后会弹出"色彩平衡"对话框，如图 8.51 所示。

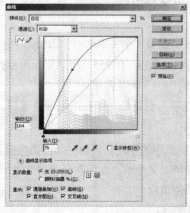

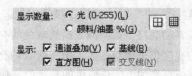

图 8.48　"曲线"对话框　　　　　　　　　　图 8.49　曲线参数设置

（a）处理之前　　　　　　　　　（b）按照曲线处理之后

图 8.50　效果对比

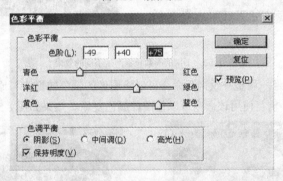

图 8.51　"色彩平衡"对话框

在"色阶"右边有三个文本框，输入相应的值（范围：-100~100）就可以调整红色通道下从三原色到彩色模式之间的色彩变化，用户也可以通过拖动文本框下边的滑动按钮来实现色彩平衡的调节。"色调平衡"中包括"阴影（S）"、"中间调（D）"、"高光（H）"、"保持透明（V）"四个复选框，选中相应的复选框，图像内部相应像素的色调就会发生相应变化，其中选中"保持亮度（V）"图像将保持亮度不变。效果如图 8.52 所示。

（a）处理之前　　　　　　　　　（b）通过色彩平衡调整之后

图 8.52　效果对比

亮度/对比度（C）：利用"亮度/对比度"命令可以快捷直观地调整图像的亮度和对比度，但是该命令对单个通道是不起作用的。选择"图像→调整→亮度/对比度"命令，弹出"亮度/对比度"对话框，通过对"亮度"、"对比度"两个参数的设置可以改变图像的最终效果。如图 8.53 所示。

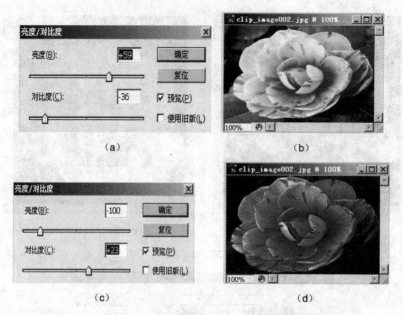

图 8.53　不同的参数设置产生不同的效果

反向（I）：选择"图像→调整→反向"命令可以将图像的颜色转换为与原图相反的颜色，而且不会丢失图像的颜色信息，重复使用该命令可以使图像颜色复原。效果如图 8.54 所示

（a）原图　　　　　　　　　（b）使用"反向"命令之后

图 8.54　效果对比

色调均化（Q）：选择"图像→调整→色调均化"命令可以将图像中各像素的亮度值重新分配，最亮值为白色，最暗值为黑色，中间像素为均匀分布。

阈值（T）：选择"图像→调整→阈值"命令可以将彩色图像或只有一种色的灰色图像转变为有黑白两色的黑白图像。选择"图像→调整→阈值"命令后会弹出对话框如图 8.55 所示。

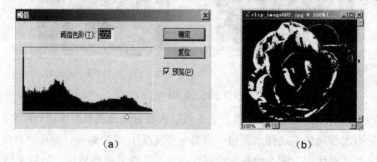

（a）　　　　　　　　　　　（b）

图 8.55　相应阈值参数下的黑白图像

色调分离（P）：使用"色调分离"命令可以指定每个通道亮度值的数目，并将其映射为最接近的匹配色调上同时减少并分离图像的色调。选择"图像→调整→色调分离"命令后弹出"色调分离"对话框，如图 8.56 所示，在"色阶（L）"右边的文本框中输入值以调整图像色调变化的剧烈程度，输入的值越大，图像色调变化越剧烈，反之越小。

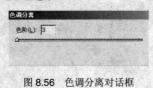

图 8.56　色调分离对话框

8.8　修复过暗照片

一、制作目的

在晚上照的照片经常会比较暗影响美观，通过 Photoshop 可以修复此类照片。

二、知识背景

通过调节"阴影→高光"可以将照片中的暗调区域变亮。它基于阴影或高光中的周围因素增亮或变暗。

三、操作过程

（1）打开文件"过暗照片.jpg"，如图 8.57 所示。

图 8.57　过暗照片

（2）执行"图像→调整"中的"阴影/高光"命令，弹出"阴影/高光"对话框，如图 8.58 所示。

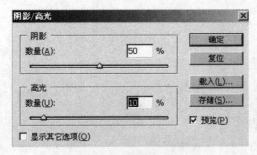

图 8.58　"阴影/高光"对话框

（3）依据照片原有的条件和需要达到的效果对"阴影/高光"对话框里的参数进行设置，然后单击"确定"按钮，得到最终效果如图 8.59 所示。

图 8.59　使用"阴影/高光"命令后达到的最终效果

说明：如果使用一次"阴影/高光"命令不能满足要求，可以重复执行该命令直到达到预期效果。

思 考 题

1. 如何用 Photoshop 进行照片与图形图像的处理？
2. 照片与图形图像的处理常用的工具有哪些？
3. 完成书中介绍的照片与图形图像的处理。
4. 将自己家居周围环境照片处理成自己理想中的景象。

第 9 章　特效字体制作

【内容】

特效字体多种多样，利用 Photoshop 来制作的实例也非常多，可以说用几本书来具体地介绍都介绍不完。本章将通过 6 个实例介绍特效字体的制作，介绍一些制作特效字体常用的方法。

【目的】

通过本章的学习，使读者了解利用 Photoshop 制作特效字体的基本方法。主要掌握"滤镜""图层样式""文字工具"等几种常见工具的使用。

【实例】

实例 9-1：火焰效果字。
实例 9-2：流体效果字。
实例 9-3：塑料透明字。
实例 9-4：制作超酷黄金字。
实例 9-5：风车字。
实例 9-6：透明字。

9.1　火焰效果字

实例效果图如图 9.1 所示：

图 9.1　火焰效果字

操作步骤如下：

（1）建立一个 300×200 像素的 RGB 模式的图像，背景填充为黑色，然后用文本工具输入"火焰"两个字，字为白色，如图 9.2 所示。

（2）执行"图像"→"旋转画布"→"90 度逆时针"命令，将整个图像逆时针旋转 90°，然后执行"滤镜"→"风格化"→"风"命令，做出风的效果，如果你想让火苗更高一些，可多次处理，直到满意为止，如图 9.3 所示。

图 9.2　输入文字　　　　　　　　　　　　　图 9.3　风格化效果

（3）执行"图像"→"旋转画布"→"90 度顺时针"将整个图像顺时针旋转 90°，然后执行"滤镜"→"扭曲"→"波纹"命令，制出图像抖动效果，如图 9.4 所示。

（a）　　　　　　　　　　　　　　　　（b）

图 9.4　抖动设置及效果图

（4）单击"图像"→"模式"→"灰度"命令将图像格式转为灰度模式，再执行"图像"→"模式"→"索引颜色"命令将图像格式转为索引模式。最后执行"图像"→"模式"→"颜色表"命令，打开"颜色表"对话框，在颜色表列表框中选择"黑体"，如图 9.5 所示。

（5）最后执行"图像"→"模式"→"RGB 颜色"命令，将图像格式转为 RGB 模式，如图 9.6 所示。

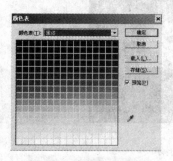

图 9.5　"颜色表"设置　　　　　　　　　　图 9.6　最终效果图

9.2　流体效果字

实例效果如图 9.7 所示。

图 9.7　流体效果字

操作步骤如下：

（1）新建一背景色为黑色的文档，输入白色文字，合并文字层和背景层，如图 9.8 所示。

（2）执行"滤镜"→"模糊"→"高斯模糊"，值为 6，这步使图像尽量模糊，但不要模糊过度，如图 9.9 所示。

图 9.8　输入白色文字　　　　　　　　　　　图 9.9　模糊字体

（3）将图像"未标题-1"复制为"未标题-2"，执行"滤镜"→"其他"→"位移"，做（4，4）的位移，如图 9.10 所示。

图 9.10　复制一层

（4）以"未标题-1"为当前文件，执行"图像"→"计算"，如图 9.11 所示设置，执行结果如图 9.12 所示。

图 9.11　图像计算设置　　　　　　　　　　图 9.12　执行图像计算后效果

（5）执行"图像"→"调整"→"自动色阶"，如图 9.13 所示。

（6）用渐层工具，以"颜色"方式上色，这点大家就自由发挥了，如图 9.14 所示。

图 9.13　调整自动色阶　　　　　　　　　　图 9.14　上色效果图

如果在第（6）步执行"图像"→"调整"→"色阶"，将中间三角方块向左移动，直到满意为止，如图 9.15 所示。

图 9.15　调整色阶

如果在第（6）步执行"图像"→"调整"→"曲线"，如图 9.16 所示设置。

上一步最终效果如图 9.17 所示。

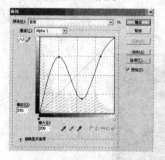 

图 9.16　调整曲线设置　　　　　　　　　　图 9.17　最终效果图

9.3　塑料透明字

实例效果如图 9.18 所示。

图 9.18　塑料透明字

操作步骤如下：

（1）按"Ctrl+N"新建一个文件，设置弹出的对话框如图 9.19 所示。

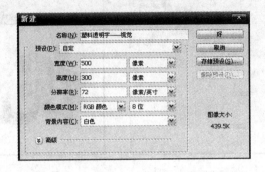

图 9.19　新建一文件设置

（2）在工具箱中选择横排文字工具，接着在选项栏中设定字体为"华文新魏"，字体大小为"250 点"，接着在图像窗口中适当位置并输入"视觉"文字，如图 9.20 所示，在选项中单击"√"按钮确认文字输入。

图 9.20　输入文字设置及效果图

（3）在图层面板中双击文字图层，弹出"图层样式"对话框，并在其左边栏中选择"投影"选项，接着在右边栏中设置投影的颜色为 R166，G8，B8，其他参数如图 9.21 所示，得到画面效果如图 9.22 所示。

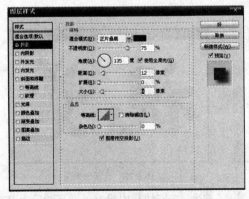

图 9.21　投影设置

图 9.22　投影效果图

（4）在"图层样式"对话框的左边栏中单击"斜面和浮雕"选项，接着在右边栏中进行参数设置，具体参数如图 9.23 所示，画面效果如图 9.24 所示。

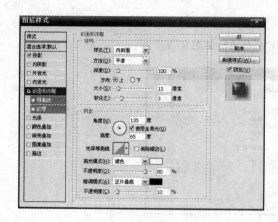

图 9.23　斜面和浮雕设置　　　　　　　　　　　图 9.24　斜面和浮雕效果图

　　（5）在"图层样式"对话框的左边栏中单击"等高线"选项，接着在右边栏中进行参数设置，具体参数如图 9.25 所示，画面效果如图 9.26 所示。

图 9.25　等高线设置　　　　　　　　　　　　图 9.26　等高线效果图

　　（6）在"图层样式"对话框的左边栏中勾选"颜色叠加"选项，再单击"光泽"选项，接着在右边栏中进行参数设置，具体参数如图 9.27 所示，此时的画面效果如图 9.28 所示。

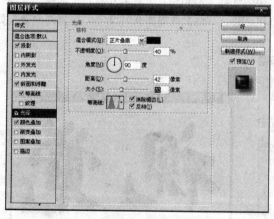

图 9.27　光泽设置　　　　　　　　　　　　图 9.28　光泽效果图

　　（7）在"图层样式"对话框的左边栏中单击"外发光"选项，在右边栏中设定外发光颜色为 R222，G42，B29；其他参数如图 9.29 所示，画面效果如图 9.30 所示。

　　（8）在"图层样式"对话框的左边栏中单击"内阴影"选项，接着在右边栏中设定内阴影颜色为 R119，G5，B5；其他参数如图 9.31 所示，画面效果如图 9.32 所示。

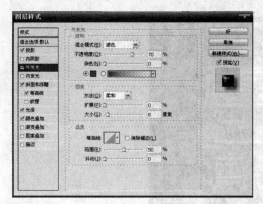

图 9.29　外发光设置

图 9.30　外发光效果图

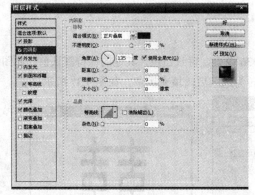

图 9.31　内阴影设置

图 9.32　内阴影效果图

（9）在"图层样式"对话框的左边栏中单击"内发光"选项，接着在右边栏中设定内发光颜色为 R160，G27，B17，如图 9.33 所示，设置好后单击"确定"按钮，得到如图 9.34 所示的效果，这样制作就完成了。

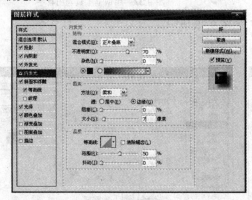

图 9.33　内发光设置

图 9.34　最终效果图

9.4　制作超酷黄金字

实例效果如图 9.35 所示。

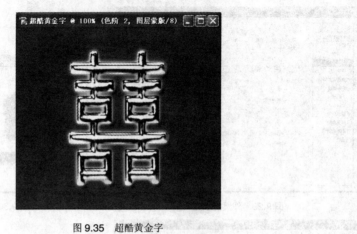

图 9.35　超酷黄金字

操作步骤如下：

（1）执行"文件"→"新建"，设置为 382×336 像素、背景白色，其他的保持默认值，如图 9.36 所示；新建一图层，然后用钢笔工具勾出喜字，转为选区后，填充黑色，如图 9.37 所示。

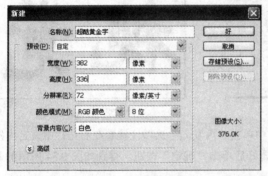

图 9.36　新建一文件　　　　　　　　　　　　图 9.37　用钢笔工具勾出喜字

（2）打开图层样式对话框，设置"外发光"如图 9.38 所示。

（3）"内发光"设置如图 9.39 所示。

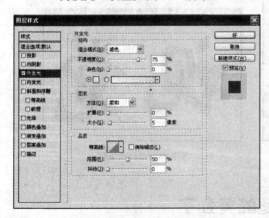

图 9.38　外发光设置　　　　　　　　　　　　图 9.39　内发光设置

（4）"斜面和浮雕"设置如图 9.40 所示。

（5）"光泽"设置如图 9.41 所示。

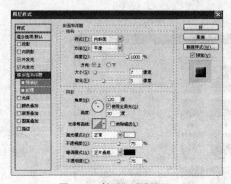
图 9.40　斜面和浮雕设置

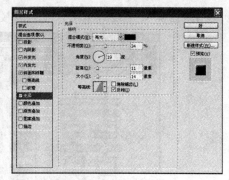
图 9.41　光泽设置

（6）"描边"设置如图 9.42 所示。

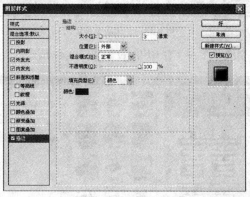
图 9.42　描边设置

（7）新建一图层，并链接，与文字层合并，如图 9.43 所示；执行"图像"→"调整"→"反相"，如图 9.44 所示。

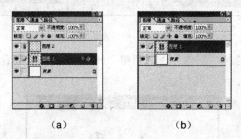

（a）　　　　　　　　　　（b）

图 9.43　图层合并

（8）选择"滤镜"→"风格化"→"浮雕效果"，设置如图 9.45 所示。

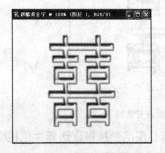

图 9.44　"反相"效果　　　　　图 9.45　"浮雕效果"设置

（9）选择"滤镜"→"艺术效果"→"塑料包装"，设置如图 9.46 所示。

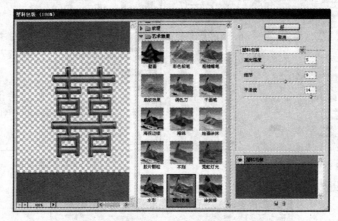

图 9.46　艺术效果设置

（10）选择"滤镜"→"素描"→"影印"，设置如图 9.47 所示。

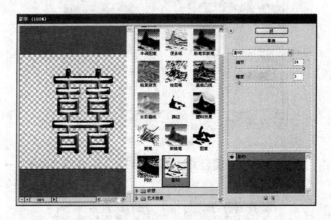

图 9.47　影印效果设置

（11）复制一图层，并选择"图像"→"调整"→"反相"，将混合模式改为差值，然后将这两个图层合并，如图 9.48 所示。

图 9.48　图层合并效果

（12）单击图层面板上的"创建新的填充或调整图层"按钮，选择"色相/饱和度"，如图 9.49 所示。调整色相饱和度，并勾选"着色"，设置如图 9.50 所示。

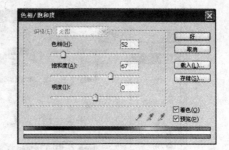

图 9.49　选择"色相/饱和度"　　　　　图 9.50　"色相/饱和度"设置

（13）单击图层面板上的"创建新的填充或调整图层"按钮，选择"色阶"，设置如图 9.51 所示。

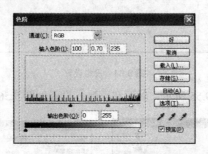

图 9.51　"色阶"设置

（14）隐藏背景层，合并可见图层，如图 9.52 所示。

（a）　　　　　　　　　　　（b）

图 9.52　图层合并

（15）选择红色，填充背景层颜色，如图 9.53 所示。

图 9.53　填充背景层为红色

（16）在文字层上设置投影，如图 9.54 所示。

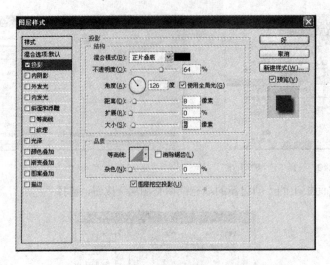

图 9.54 投影设置

（17）外发光，设置如图 9.55 所示。斜面和浮雕，设置如图 9.56 所示。

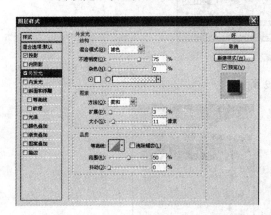

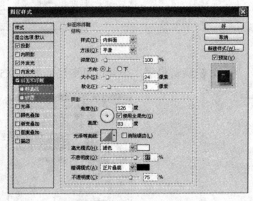

图 9.55 外发光设置   图 9.56 斜面和浮雕设置

（18）单击图层面板上的"创建新的填充或调整图层"按钮，选择"色相饱和度"命令，设置如图 9.57 所示。

（19）单击图层面板上的"创建新的填充或调整图层"按钮，选择"色阶"命令，设置如图 9.58 所示。

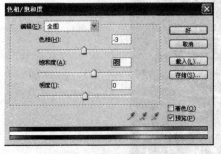

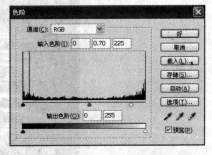

图 9.57 "色相/饱和度"设置   图 9.58 "色阶"设置

（20）最终效果如图 9.59 所示。

图 9.59　最终效果图

9.5　风　车　字

制作效果如图 9.60 所示。

图 9.60　风车字特效

操作步骤如下：

（1）在 Photoshop 中用"Ctrl+N"新建一个图像文件，注意要将"颜色模式"设为置"RGB 颜色"，如图 9.61 所示；用工具箱中的文字工具在图中单击一下，在弹出的对话框中写上黑色文本；然后再用移动工具将文字移动到如图 9.62 所示的位置。

图 9.61　新建一个图像文件

图 9.62　加入文字

（2）再次选取文字工具，用鼠标右键在图中单击一下，在弹出的对话框中选择"栅格化文字"命令，将文字加入到图层中。

（3）有"编辑"菜单下的"自由变换"将文字拉伸变形为接近正方形，如图 9.64 所示。在框内双击鼠标完成变形。

图 9.63　栅格化文字

图 9.64　调整字体大小

（4）用"滤镜"菜单下的"扭曲"选项中的"极坐标变形"，在弹出的对话框中选择"平面坐标到极坐标"选项设置，结果如图 9.65 所示。

图 9.65　扭曲字体

（5）打开图层面板，然后在按下"Ctrl"键的同时，在图层上单击鼠标（见图 9.66），从而选中文字（见图 9.67），单击工具箱中渐变工具，选择"角度渐变"工具，并在"编辑渐变"中选择"色谱"颜色选项（见图 9.68），然后从文字的中心开始拉一条路径，得到环扇形渐层效果，如图 9.69所示。

图 9.66　选择文字图层

图 9.67　选中文字

图 9.68　渐变工具设置

图 9.69　渐变效果

（6）在图层工具面板中，用鼠标将该层拖动到面板下方的新建层图标上，复制该层，选取下面一层为当前操作层（见图 9.70），选择圆形对象框工具，在按住"Shift"键的同时，圈出一个大小和位置刚好包括所有文字的圆形对象框（见图 9.71），选取"滤镜"菜单下的"模糊"选项中的"径向模糊"，在弹出的对话框按图 9.72 所示进行设置。

图 9.70　复制图层

图 9.71　圈住文字

（7）用"图层"菜单下的"拼合图层"命令合并层，从而完成工作，成品如图 9.73 所示。

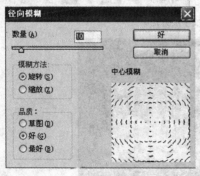

图 9.72　径向模糊设置

图 9.73　最终效果图

9.6　透明字

实例效果如图 9.74 所示。

图 9.74　透明字特效

操作步骤如下：

（1）打开一幅"素材"文件，如图 9.75 所示。

图 9.75　打开素材文件

（2）在工具箱中选择横排文字工具，如图 9.76 所示，然后在选项栏中设定字体为"华文行楷"，字体大小为"90 点"，接着在画面中适当位置单击并输入"蔚蓝天空"文字，如图 9.77 所示。

图 9.76　文字工具设置

图 9.77　输入文字

（3）在图层面板中设定"填充"为"0%"，如图 9.78 所示，以将文字的填充颜色调为透明，这时在画面中将不会看到文字，如图 9.79 所示。

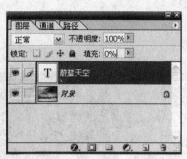
图 9.78 "填充"设置为"0%"

图 9.79 文字透明

（4）在图层面板中双击"蔚蓝天空"文字图层，弹出"图层样式"对话框，并在其左边栏中单击"斜面和浮雕"选项，然后在右边栏中进行参数设置，具体参数如图 9.80 所示，设置好后的画面效果如图 9.81 所示。

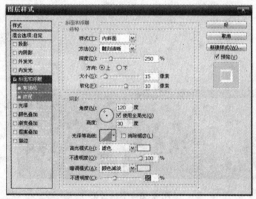
图 9.80 斜面和浮雕设置

图 9.81 字体效果

（5）在"图层样式"对话框的左边栏中单击"内发光"选项，接着在右边栏中进行参数设置，具体参数如图 9.82 所示，设置好后的画面效果如图 9.83 所示。

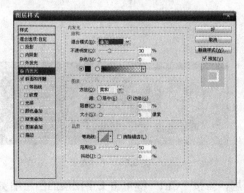
图 9.82 内发光设置

图 9.83 字体效果

（6）在"图层样式"对话框的左边栏中单击"内阴影"选项，接着在右边栏中进行参数设置，具体参数如图 9.84 所示，设置好后的画面效果如图 9.85 所示。

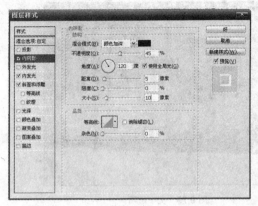

图 9.84　内阴影设置　　　　　　　　　　　　　图 9.85　字体效果

（7）在"图层样式"对话框的左边栏中单击"描边"选项，接着在右边栏中进行参数设置，具体参数如图 9.85 所示，设置好后的画面效果如图 9.86 所示。

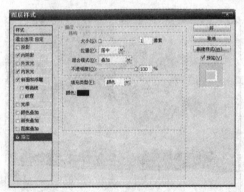

图 9.85　描边设置　　　　　　　　　　　　　图 9.86　字体效果

（8）在"图层样式"对话框的左边栏中单击"投影"选项，接着在右边栏中进行参数设置，具体参数如图 9.87 所示，单击"好"按钮，得到如图 9.88 所示的效果。

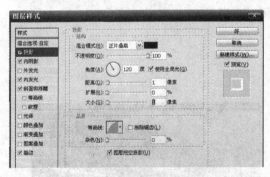

图 9.87　投影设置　　　　　　　　　　　　　图 9.88　字体效果

（9）在图层面板中激活背景层，以它为当前图层，再按"Ctrl"键单击文字图层的图层缩览图，如图 9.89 所示，以使文字载入选区后，即可得到如图 9.90 所示的选区。

（10）按"Ctrl+C"键进行复制，再按"Ctrl+V"键进行粘贴，以选区内容新建一个图层，如图 9.91 所示。

图 9.89　选择背景层

图 9.90　选中字体选区

图 9.91　新建一个图层

（11）在图层面板中双击"图层 1"，并在弹出的"图层样式"对话框中设定投影颜色为 R13，G119，B219，其他参数如图 9.92 所示，单击"确定"按钮，得到如图 9.93 所示的效果。

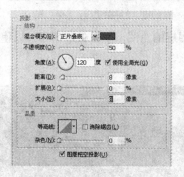

图 9.92　投影设置

图 9.93　字体效果

（12）在图层面板中单击"创建新图层"按钮，新建图层 2，并将图层 2 拖到最上面，如图 9.94 所示；在工具箱中选择"渐变工具"，并在选项栏中单击"线性渐变"按钮和勾选"黑色、白色"渐变，如图 9.95 所示，接着移动指针到画面的左边，再按下左键向右边拖动，到达右边后松开左键，得到如图 9.96 所示的效果。

图 9.94　新建图层 2

图 9.95　渐变设置

图 9.96　图层 2 效果

（13）在图层面板中设定图层 2 的"混合模式"为"叠加"，"不透明度"为"50%"，如图 9.97 所示，即可得到如图 9.98 所示的效果。

图 9.97　图层 2 的透明度设置

图 9.98　文字效果

（14）按"Ctrl"键在图层面板中单击文字图层的图层缩览图，如图 9.99 所示，以使文字载入选区，得到如图 9.100 所示的选区。

图 9.99　单击文字图层的图层缩览图

图 9.100　选中文字选区

（15）在图层面板中单击"添加图层蒙版"按钮，给图层 2 添加图层蒙版，如图 9.101 所示，就可得到如图 9.102 所示的效果，这样就制作完成了。

图 9.101　添加图层蒙版

图 9.102　最终字体效果图

思 考 题

1. 如何用 Photoshop 进行特效字体制作？
2. 特效字体制作常用的工具有哪些？
3. 完成书中介绍的特效字体制作。
4. 制作一种具有特色的特效字体。

第10章 特效制作

【内容】

这里的特效是指一些特别的艺术效果，它可以是自己一些大胆的创新制作，也可以是利用 Photoshop 来将普通图片制作成具有其他特色的图像。本章将通过 4 个实例讲解特效的制作，并介绍制作特效常用的方法。

【目的】

通过本章的学习，使读者了解利用 Photoshop 制作特效的基本方法。掌握"滤镜""图层样式""图层""图像"等几种常见工具的使用方法。

【实例】

实例 10-1：数字星云。
实例 10-2：制作版画图像。
实例 10-3：奇幻世界。
实例 10-4：抽象艺术。

10.1 数 字 星 云

操作步骤如下：

（1）按"Ctrl+N"键新建一个文件，如图 10.1 所示。

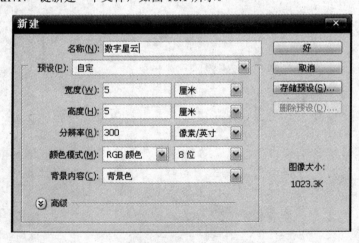

图 10.1 新建一个文件

（2）将前景色设置为白色，单击工具栏中的"画笔工具"按钮，使用此工具参数照图 10.2 进行绘制。接着选择菜单"滤镜"→"模糊"→"高斯模糊"命令，如图 10.3 和 10.4 所示，设置弹出的对话框，得到图 10.5 所示的效果。

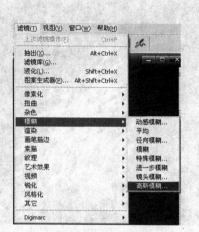

图 10.2 用画笔工具绘制 图 10.3 选择"高斯模糊"

图 10.4 "高斯模糊"设置 图 10.5 "高斯模糊"效果

（3）选择菜单"滤镜"→"扭曲"→"波纹"命令，设置弹出的对话框，如图 10.6 和 10.7 所示，得到如图 10.8 所示的效果。然后按"Ctrl+F"键反复执行此命令 1～2 次，得到如图 10.9 所示的效果为止。

图 10.6 选择"波纹"命令 图 10.7 "波纹"设置

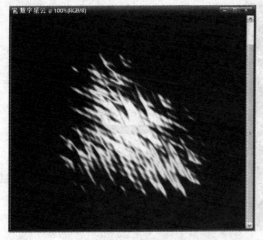

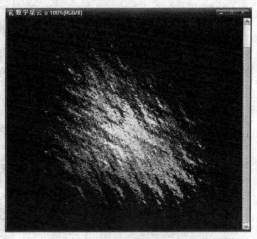

图 10.8　波纹效果　　　　　　　　　　　　图 10.9　多次波纹后效果

　　（4）在"图层"面板中，将背景图层复制一层，并将显示功能关闭，暂时先不使用图层。选择背景图层，如图 10.10 所示。接着选择菜单"滤镜"→"扭曲"→"波浪"命令，设置弹出的对话框，如图 10.11 和 10.12 所示，得到如图 10.13 所示的效果。

图 10.10　复制一层　　　　　图 10.11　选择菜单"滤镜-扭曲-波浪"命令

图 10.12　波浪设置　　　　　　　　　　图 10.13　波浪效果

　　（5）选择图层"背景副本"，如图 10.14 所示，选择菜单"滤镜"→"模糊"→"径向模糊"命令，设置弹出的对话框，如图 10.15 和 10.16 所示，得到如图 10.17 所示的效果。然后按"Ctrl+F"键重复执行此命令，得到如图 10.18 所示的效果为止。

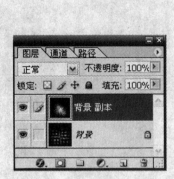

图 10.14　选择"背景 副本"图层

图 10.15　选择"径向模糊"命令

图 10.16　径向模糊设置

图 10.17　径向模糊效果

图 10.18　多次径向模糊后效果

（6）选择菜单"图像"→"调整"→"色相/饱和度"命令，设置弹出的对话框如图 10.19 所示，得到如图 10.20 所示的效果。并将此图层的混合模式设置为"强光"。接着选择菜单"图像"→"调整"→"亮度/对比度"命令，设置弹出的对话框，如图 10.21 所示，得到如图 10.22 所示的最终效果。

图 10.19　"色相/饱和度"设置

图 10.20　"色相/饱和度"设置后效果

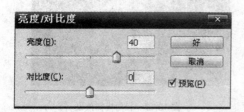

图 10.21　"亮度/对比度"设置

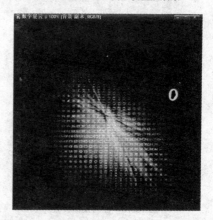

图 10.22　最终效果图

10.2　制作版画图像

操作步骤如下：

（1）打开一幅"素材"文件，如图 10.23 所示。

图 10.23　"素材"文件

（2）选择菜单"滤镜"→"艺术效果"→"木刻"命令，设置弹出的对话框，如图 10.24 和图 10.25 所示，得到如图 10.26 所示的效果。

图 10.24　选择"木刻"命令

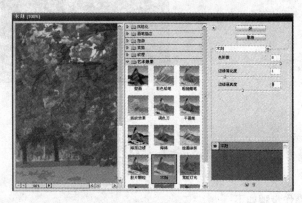

图 10.25　"木刻"设置

图 10.26　木刻设置后效果

（3）选择菜单"滤镜"→"杂色"→"添加杂色"命令，设置弹出的对话框，如图 10.27 和图 10.28 所示，得到如图 10.29 所示的效果。

图 10.27　选择"杂色"命令

图 10.28　"添加杂色"设置

图 10.29　最终效果图

10.3　奇　幻　世　界

操作步骤如下：

（1）按"Ctrl+N"键新建一个文件，设置弹出的对话框如图 10.30 所示。将前景色设置为黑色，按"Alt+Delete"键填充画面，如图 10.31 所示。

图 10.30　新建一个文件

图 10.31　用黑色填充背景

（2）按"D"键恢复前景色和背景色，接着选择菜单"滤镜"→"渲染"→"云彩"，得到如图 10.32 所示的效果。

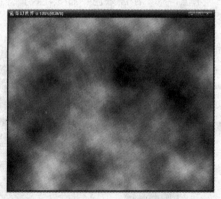

图 10.32　云彩效果

（3）选择菜单"滤镜"→"像素化"→"铜版雕刻"命令，设置弹出的对话框，得到如图 10.33 所示的效果。

图 10.32　"铜版雕刻"设置

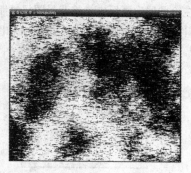

图 10.33　铜版雕刻效果

（4）选择菜单"滤镜"→"模糊"→"径向模糊"命令，设置弹出的对话框，如图 10.34 所示，得到如图 10.35 所示的效果。然后按"Ctrl+F"重复执行此命令，得到如图 10.36 所示的效果。

图 10.34　径向模糊设置

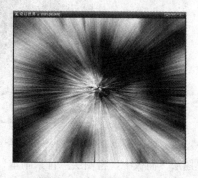

图 10.35　径向模糊效果图

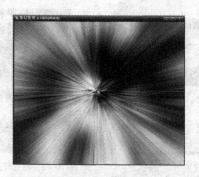

图 10.36　多次径向模糊后效果

（5）选择菜单"滤镜"→"扭曲"→"旋转扭曲"命令，设置弹出的对话框，如图 10.37 所示，得到如图 10.38 所示的效果。

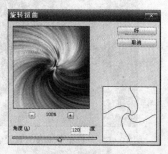

图 10.37　"旋转扭曲"设置 1

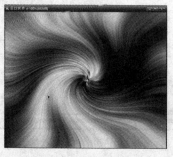

图 10.38　旋转扭曲效果图 1

（6）在"图层"面板中，将背景图层复制一层，接着选择菜单"滤镜"→"扭曲"→"旋转扭曲"命令，设置弹出的对话框，如图 10.39 和图 10.40 所示，得到如图 10.41 所示的效果。

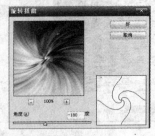

图 10.39　复制一层　　　　　　　　　　　　图 10.40　"旋转扭曲"设置 2

图 10.41　旋转扭曲效果图 2

（7）在"图层"面板中，将图层"背景副本"的混合模式设置为"变亮"，如图 10.42 所示，得到如图 10.43 所示的效果。

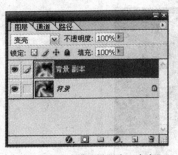

图 10.42　混合模式设置为"变亮"　　　　　　图 10.43　混合模式设置为"变亮"后效果

（8）选择菜单"图像"→"调整"→"色相/饱和度"命令，设置弹出的对话框，如图 10.44 所示，得到如图 10.45 所示的效果。

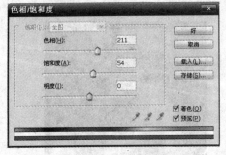

图 10.44　"色相/饱和度"设置　　　　　　　图 10.45　"色相/饱和度"设置后效果

（9）选择背景图层，接着选择菜单"图像"→"调整"→"色相/饱和度"命令，设置弹出的对话框，如图 10.46 和图 10.47 所示，最终效果如图 10.48 所示。

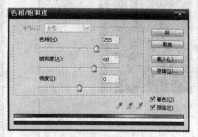

　　图 10.46　选择背景层　　　　　　　　图 10.47　"色相/饱和度"设置

图 10.48　最终效果图

10.4　抽　象　艺　术

操作步骤如下：

（1）按"Ctrl+N"键新建一个文件，设置弹出的对话框如图 10.49 所示。

（2）将前景色设置为黑色，在"图层"面板中新建一个图层，然后按"Alt+Delete"键填充画面，如图 10.50 所示。

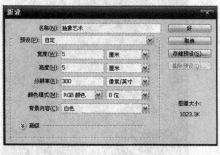

　　图 10.49　新建一个文件　　　　　　　图 10.50　新建一个图层

（3）选择菜单"滤镜"→"渲染"→"镜头光晕"命令，设置弹出的对话框，如图 10.51 所示，得到如图 10.52 所示的效果。再执行此命令，设置弹出的对话框，如图 10.53 所示，得到如图 10.54 所示的效果。

图 10.51　镜头光晕设置

图 10.52　镜头光晕效果

图 10.53　再次镜头光晕设置

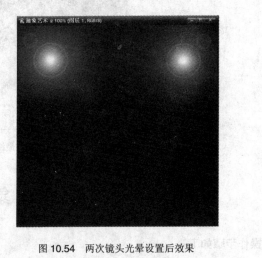

图 10.54　两次镜头光晕设置后效果

（4）接着执行此命令，设置弹出的对话框，如图 10.55 所示，得到如图 10.56 所示的效果。

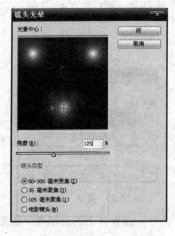

图 10.55　第三次镜头光晕设置

图 10.56　第三次镜头光晕设置后效果

（5）选择菜单"滤镜"→"素描"→"铬黄"命令，设置弹出的对话框，如图 10.57 所示，得到如图 10.58 所示的效果。

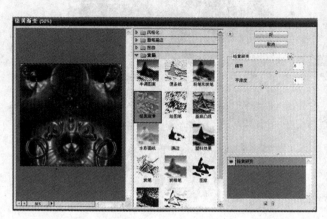

图 10.57　铬黄滤镜设置

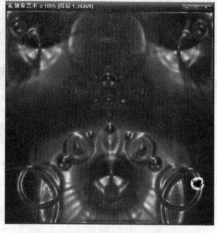

图 10.58　铬黄滤镜设置后效果

（6）选择菜单"图像"→"调整"→"色相/饱和度"命令，设置弹出的对话框，如图 10.59 所示，得到如图 10.60 所示的效果。

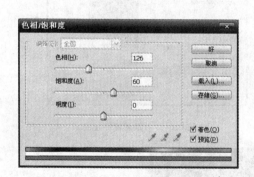

图 10.59　"色相/饱和度"设置

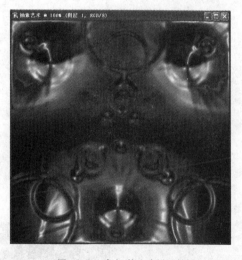

图 10.60　色相/饱和度设置效果

（7）在"图层"面板中，将"图层 1"复制一层，并将复制层的混合模式设置为"变亮"，如图 10.61 所示。

图 10.61　复制一层

将"图层 1"再复制一层，如图 10.62 所示，设置复制层的混合模式为"叠加"，得到如图 10.63

所示的效果。

图 10.62 再复制一层

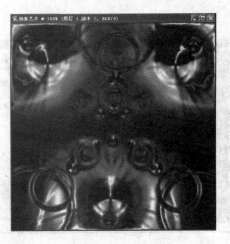

图 10.63 图层叠加效果

（8）选择"图层 1 副本"，选择菜单"滤镜"→"扭曲"→"波浪"命令，设置弹出的对话框，如图 10.64 和图 10.65 所示，得到如图 10.66 所示的效果。

图 10.64 选择"图层 1 副本"

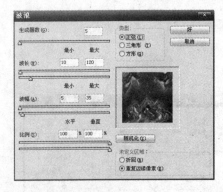

图 10.65 "波浪滤镜"设置

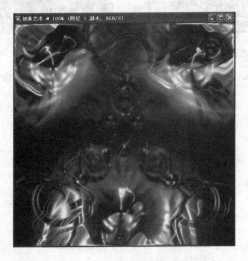

图 10.66 波浪滤镜设置后效果

（9）选择"图层 1"，并将"图层 1 副本"的链接功能打开，如图 10.67 所示，然后按"Ctrl+E"

键将链接图层进行合并，将合并后的图层复制一层，如图 10.68 所示。

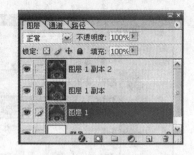

图 10.67 选择"图层 1"   图 10.68 复制一层

（10）选择菜单"编辑"→"变换"→"水平翻转"命令，得到如图 10.69 所示的效果。

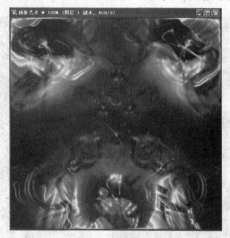

图 10.69 水平翻转效果

（11）在"图层"面板中，将"图层 1 副本"的混合模式设置为"变亮"，如图 10.70 所示。得到如图 10.71 所示的效果。

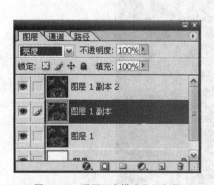

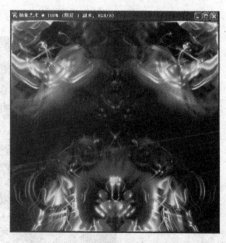

图 10.70 设置混合模式为"变亮"   图 10.71 混合模式设置为"变亮"的效果

（12）选择"图层 1"，并将"图层 1 副本"的链接功能打开，如图 10.72 所示，按"Ctrl+E"键将链接图层合并为一个图层，将合并后的图层复制一层，并改混合模式为"变亮"，如图 10.73 所示。接着按"Ctrl+T"键将变形框显示出来，单击鼠标右键，在快捷菜单中选择"垂直翻转"命令，如图

10.74 所示，得到如图 10.75 所示的效果。

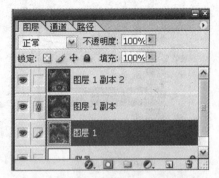

图 10.72　选择"图层 1"

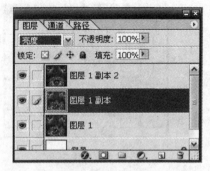

图 10.73　复制图层

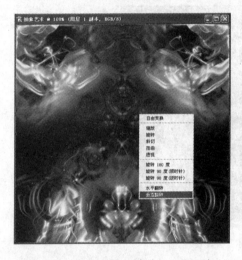

图 10.74　选择"垂直翻转"命令

图 10.75　垂直翻转效果图

（13）选择"图层 1"，并将"图层 1 副本"的链接功能打开，按"Ctrl+E"键将链接图层进行合并，将合并后的图层复制一层，并将复制层的混合模式设置为"变亮"，得到如图 10.76 所示的效果。

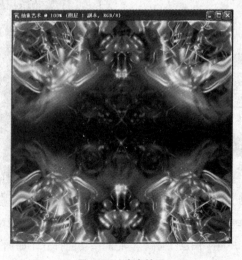

图 10.76　变亮效果

（14）按"Ctrl+T"键将变形框显示出来，单击鼠标右键，在快捷菜单中选择"旋转 90°（顺时针）”命令，得到如图 10.77 所示的最终效果。

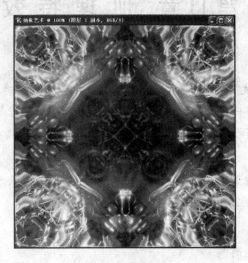

图 10.77　最终效果图

思　考　题

1．如何用 Photoshop 进行特效制作？

2．特效制作常用的工具有哪些？

3．完成书中介绍的特效制作。

4．制作一种具有特色的特效。

第11章 肌理特效

【内容】

利用"滤镜"和"图层样式"可以制作出生活中的水波、墙体、土地、树木等肤色、纹理特征的图像，制作的效果形象逼真。本章将通过7个实例介绍肌理特效的制作，并介绍制作肌理特效常用的方法，最后对"滤镜"工具进行详细的介绍。

【目的】

通过本章的学习，使读者了解利用 Photoshop 制作肌理特效的基本方法。掌握"滤镜""图层样式""图层""通道"等几种常见工具的使用。

【实例】

实例 11-1：隔行抽线的制作。

实例 11-2：龟裂的土地。

实例 11-3：木纹的设计。

实例 11-4：制作兽皮纹理。

实例 11-5：制作石壁纹理。

实例 11-6：制作玻璃纹理。

实例 11-7：制作布料纹理。

11.1　隔行抽线的制作

实例效果如图 11.1 所示。

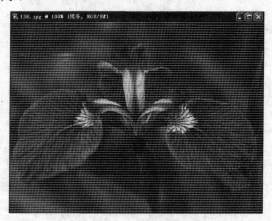

图 11.1　隔行抽线效果图

操作步骤如下：

（1）打开一张你要做隔行抽线处理的素材图片，如图 11.2 所示。

（2）确定所用的选择工具是"单行选框工具"，如图 11.3 所示。做好这些工作后新建一层，在这里把这层命名为"线样本"。选中这层，然后在这层上工作。

图 11.2　素材　　　　　　　　　　　　图 11.3　选择单行选框工具

然后紧贴着素材画面的最上端，选择画面最上面的一行像素，如图 11.4 所示；之后用填充颜色将这一行像素填充成你所要的颜色，这里选用白色。

（3）使用"矩形选框工具"紧贴着刚才所选择的行再选择多一行，如图 11.5 所示的那样。

图 11.4　选择画面最上面的一行像素并填充为白色

图 11.5　选择多一行

（4）将除了"线样本"层的显示全部关闭。如图 11.6 所示。

（5）选择菜单栏中的"编辑→定义图案"，如图 11.7 所示。

图 11.6　只显示"线样本"图层　　　　图 11.7　选择菜单栏中的"编辑→定义图案"

（6）在工具栏中选择"油漆桶工具"，然后将其属性中的"图案"设置为上一步定义的图案，如图 11.8 所示。

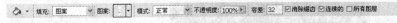

图 11.8　选择油漆桶工具

（7）按"Ctrl + D"撤消选择，然后新建一层，命名为"线条"，用填充工具将整层灌满，再将刚才隐含显示的层打开，如图 11.9 所示，最终效果如图 11.10 所示。

图 11.9　新建"线条"层　　　　　　　　图 11.10　最终效果图

11.2　龟裂的土地

干涸的大地，寸草不生，长久没有水分的土地，会产生一道道龟裂的痕迹，下面来做这个效果。

（1）新建一个 512×512 像素的文件，如图 11.11 所示。把前景色和后景色分别设置为 RGB=244,189,111 和 168,109,25，如图 11.12 所示。

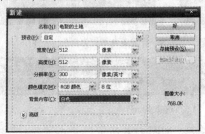

图 11.11　新建一个文件　　　　　　　图 11.12　前景色和后景色设置

（2）选择菜单"滤镜"→"渲染"→"云彩"，如图 11.13 所示，得到如图 11.14 所示的效果。

图 11.13　选择"云彩"命令　　　　　　　图 11.14　云彩滤镜效果

（3）选择菜单"滤镜"→"杂色"→"添加杂色"命令，如图 11.15 所示，设置如图 11.16 所示，得到如图 11.17 所示的效果。

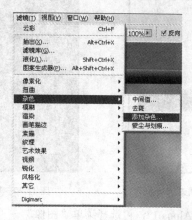

图 11.15　选择"添加杂色"命令

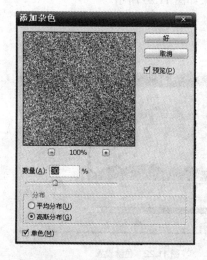

图 11.16　添加杂色参数设置

图 11.17　添加杂色的效果图

（4）全选图像，把文件复制到新的通道"Alpha 1"里，如图 11.18 和图 11.19 所示，得到如图 11.20 所示的效果。

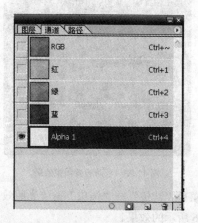

图 11.18　新的通道"Alpha 1"

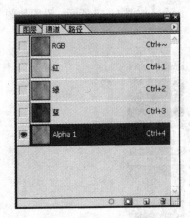

图 11.19　图像复制到通道 "Alpha 1"

图 11.20　复制通道图像效果

（5）进入通道窗口，选中"Alpha 1"，再选择菜单"图像"→"调整"→"色阶"进入色阶调节窗口，如图 11.21 所示，设置如图 11.22 所示，图像效果如图 11.23 所示。

图 11.21　选择"色阶"命令

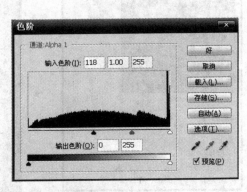

图 11.22　色阶设置

图 11.23　色阶设置图像效果

（6）返回图层窗口，选择菜单"滤镜"→"渲染"→"光照效果"，如图 11.24 所示，具体参数如图 11.25 所示，得到如图 11.26 所示的效果。

图 11.24　选择"光照效果"命令

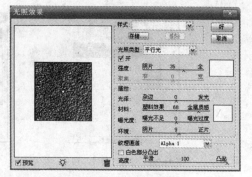

图 11.25　光照效果设置

土地的基本纹理完成了，下面做龟裂效果。

（7）新建图层"裂纹"，将系统色设置为默认，用白色填充新层，如图 11.27 所示。

图 11.26　光照设置图像效果

图 11.27　新建图层"裂纹"

（8）选择菜单"滤镜"→"纹理"→"染色玻璃"，设置弹出的如图 11.28 所示的对话框，效果如图 11.29 所示。

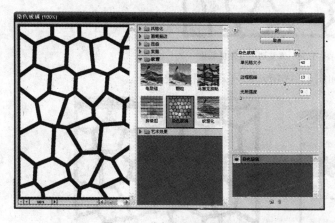

图 11.28　染色玻璃滤镜参数设置

图 11.29　染色玻璃图像效果

（9）复制"裂纹"层，如图 11.30 所示，选择菜单"滤镜"→"像素化"→"晶格化"，设置弹出的如图 11.31 所示的对话框，效果如图 11.32 所示，将复制层模式设为"正片叠底"，透明度为"70%"，如图 11.33 所示，效果如图 11.34 所示。

图 11.30　复制"裂纹"层

图 11.31　晶格化设置

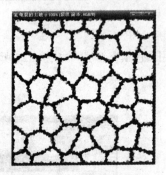

图 11.32　晶格化后图像效果

图 11.33　调整模式和透明度

图 11.34　调整透明度图像效果

（10）合并"裂纹"及其复制层，如图 11.35 所示，效果如图 11.36 所示。

图 11.35　合并图层

图 11.36　合并图层图像效果

（11）选择菜单"滤镜"→"风格化"→"浮雕效果"，设置弹出的对话框如图 11.37 所示，得到如图 11.38 所示的效果。

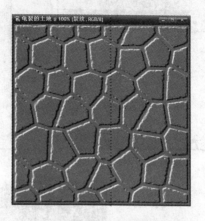

图 11.37　浮雕效果设置　　　　　　　　　图 11.38　浮雕风格图像效果

（12）将"裂纹"模式设置为"正片叠底"，如图 11.39 所示，效果如图 11.40 所示。

图 11.39　模式设置为"正片叠底"　　　　　图 11.40　正片叠底图像效果

（13）进入"色阶"调节窗口，参数设置具体参数如图 11.41 所示，这一步加深了纹理的深度。

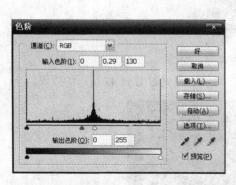

图 11.41　色阶设置　　　　　　　　　图 11.42　色阶设置图像效果

（14）下面合并所有层，如图 11.43 所示，选择菜单"图像"→"画布大小"，把图片缩小为 500×500 像素，如图 11.44 所示。最后的效果如图 11.45 所示。

图 11.43　合并图层

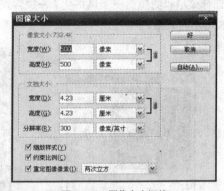

图 11.44　图像大小调整

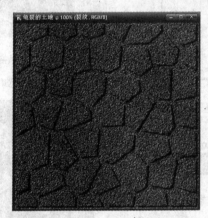

图 11.45　最终效果图

11.3　木纹的设计

操作步骤如下：

（1）打开新的空白图像，设置前景色和背景色，如图 11.46 所示。

图 11.46　前景色和背景色设置

（2）选择菜单"滤镜"→"渲染"→"云彩"命令，得到如图 11.47 所示的效果。

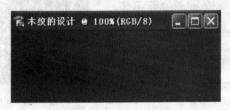

图 11.47　云彩效果

（3）选择菜单"滤镜"→"杂色"→"添加杂色"命令，使它看上去模糊一些，参数设置如图

11.48 所示；然后选择菜单"滤镜"→"艺术效果"→"海绵"命令，参数设置如图 11.49 所示；最后选择菜单"滤镜"→"扭曲"→"切变"命令，参数设置如图 11.50 所示，得到如图 11.51 所示的效果。

图 11.48　添加杂色参数设置

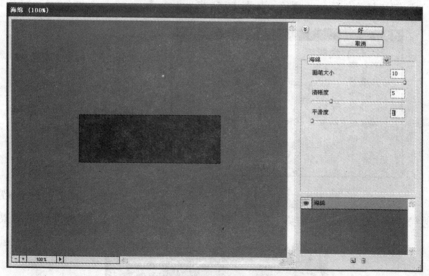

图 11.49　海绵参数设置

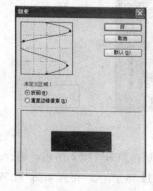

图 11.50　切变参数设置

图 11.51　图像效果

（4）看看效果怎么样？再调整一下亮度和对比度，如图 11.52 所示，得到如图 11.53 所示的最终效果。

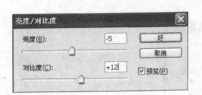

图 11.52 "亮度/对比度"参数设置

图 11.53 最终效果图

11.4 制作兽皮纹理

操作步骤如下：

（1）按"Ctrl+N"键新建一个文件，设置弹出的对话框如图 11.54 所示。新建一个图层得到"图层 1"，按"D"键恢复前景色和背景色，如图 11.55 所示。

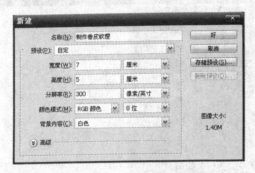

图 11.54 新建一个文件

图 11.55 前景色和背景色设置

（2）选择菜单"滤镜"→"渲染"→"云彩"命令，得到类似如图 11.56 所示的效果。

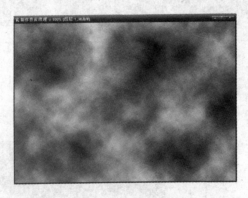

图 11.56 云彩效果

（3）进入到"通道"面板中，新建一个通道图层"Alpha 1"，如图 11.57 所示。选择菜单"滤镜"→"杂色"→"添加杂色"命令，设置弹出的对话框如图 11.58 所示，得到如图 11.59 所示的效果。

图 11.57　新建一个通道图层　　　　　　　　　图 11.58　添加杂色参数设置

图 11.59　添加杂色图像效果

（4）选择菜单"滤镜"→"模糊"→"动感模糊"命令，设置弹出的对话框如图 11.60 所示，得到如图 11.61 所示的效果。

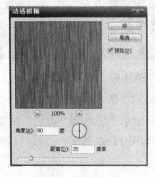

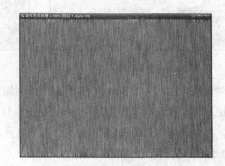

图 11.60　动感模糊参数设置　　　　　　　　　图 11.61　动感模糊图像效果

（5）选择菜单"图像"→"调整"→"色阶"命令，设置弹出的对话框如图 11.62 所示，得到如图 11.63 所示的效果。

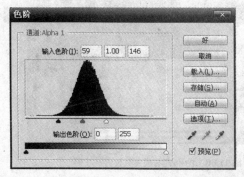

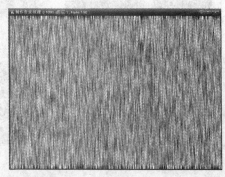

图 11.62　色阶参数设置　　　　　　　　　　　图 11.63　色阶设置图像效果

（6）选择菜单"滤镜"→"扭曲"→"旋转扭曲"命令，设置弹出的对话框如图 11.64 所示，得到如图 11.65 所示的效果。

图 11.64　旋转扭曲参数设置

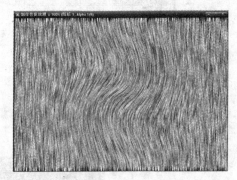

图 11.65　旋转扭曲图像效果

（7）选择菜单"滤镜"→"扭曲"→"波浪"命令，设置弹出的对话框如图 11.66 所示，得到如图 11.67 所示的效果。

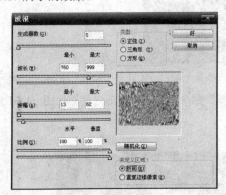

图 11.66　波浪参数设置

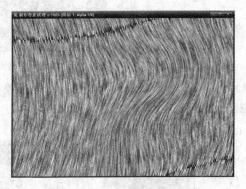

图 11.67　波浪设置图像效果

（8）回到"图层"面板中，确保选择"图层 1"，如图 11.67 所示，接着选择菜单"图像"→"调整"→"色相/饱和度"命令，其参数设置及效果如图 11.68 所示。进入到"通道"面板中，按"Ctrl"键单击通道图层"Alpha 1"的缩览图，载入此图层选区，如图 11.69 所示，并按"Delete"键进行删除，然后按"Ctrl+C"键执行"拷贝"操作。

图 11.67　选择图层 1

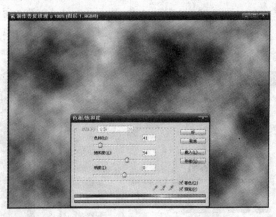

图 11.68　色相/饱和度参数设置及效果

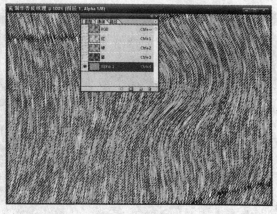

图 11.69　通道图层 "Alpha 1" 载入图层选区

（9）回到"图层"面板中，如图 11.70 所示，按 "Ctrl+V" 键执行"粘贴"操作，得到"图层 2"，如图 11.71 所示。

图 11.70　回到 "图层" 面板

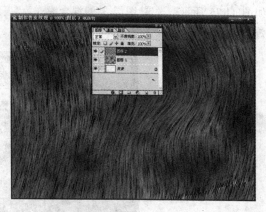

图 11.71　复制后得到图层 2

（10）单击工具栏中的"矩形选框工具"按钮，使用此工具在文件上部绘制出一个矩形选区，如图 11.72 所示，然后选择菜单"选择"→"羽化"命令，设置弹出的对话框如图 11.73 所示，将选区进行羽化。并按 "Ctrl+C" 键执行"拷贝"操作，按 "Ctrl+V" 键执行"粘贴"操作，得到"图层 3"，如图 11.74 所示。

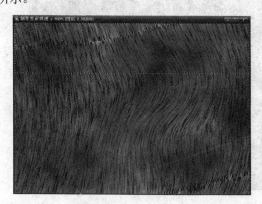

图 11.72　绘制出一个矩形选区

图 11.73　羽化参数设置

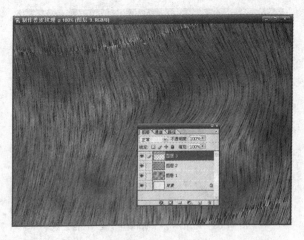

图 11.74 复制后得到图层 3

（11）用上一步相同的方法将中间部分和下部分同样复制出一份，分别得到"图层 4"和"图层 5"，如图 11.75 所示。设置"图层 3"的混合模式为"正片叠底"，如图 11.76 所示，得到如图 11.77 所示的效果。

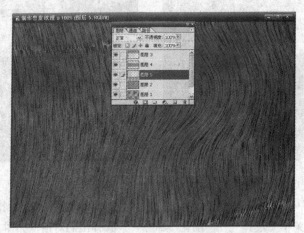

图 11.75 得到图层 4 和图层 5

图 11.76 改变混合模式　　　　　　　图 11.77 混合模式图像效果

（12）设置"图层 4"的混合模式为"颜色加深"，如图 11.78 所示，得到如图 11.79 所示的效果。设置"图层 5"的混合模式为"正片叠底"，如图 11.80 所示，得到如图 11.81 所示的最终效果。

图 11.78　设置图层 4 的混合模式

图 11.79　颜色加深图像效果

图 11.80　设置图层 5 的混合模式

图 11.81　最终效果图

11.5　制作石壁纹理

操作步骤如下：

（1）按"Ctrl+N"键新建一个文件，设置弹出的对话框如图 11.82 所示。新建一个图层得到"图层 1"，按"D"键恢复前景和背景色，如图 11.83 所示。

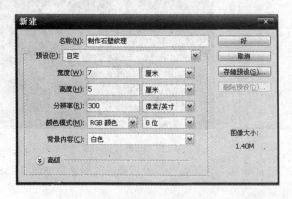

图 11.82　新建一个文件

图 11.83　前景色和背景色设置

（2）选择菜单"滤镜"→"渲染"→"云彩"命令，得到类似如图 11.84 所示的效果。

图 11.84　云彩效果

（3）选择菜单"滤镜"→"渲染"→"分层云彩"命令，得到类似如图 11.85 所示的效果。

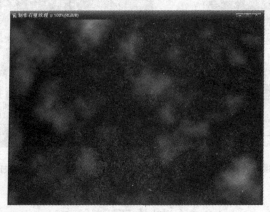

图 11.85 分层云彩效果

（4）选择菜单"图像"→"调整"→"色阶"命令，设置弹出的对话框如图 11.86 所示，得到如图 11.87 所示的效果。

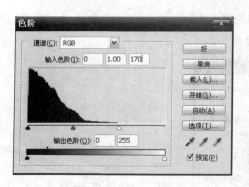
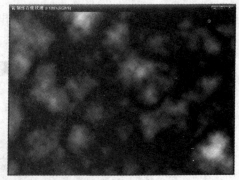

图 11.86　色阶参数设置　　　　　　　　图 11.87　色阶设置图像效果

（5）选择菜单"滤镜"→"杂色"→"添加杂色"命令，设置弹出的对话框如图 11.88 所示，得到如图 11.89 所示的效果。

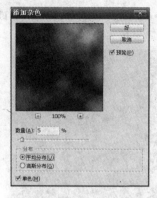
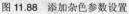

图 11.88　添加杂色参数设置

图 11.89　添加杂色图像效果

（6）按 "Ctrl+A" 键执行 "全选" 操作，如图 11.90 所示，并按 "Ctrl+C" 键执行 "拷贝" 操作。然后进入到 "通道" 面板中，新建一个通道图层 "Alpha 1"，并按 "Ctrl+V" 键进行 "粘贴" 操作，如图 11.91 所示。

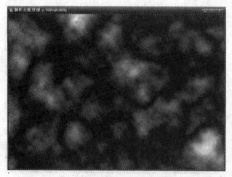

图 11.90　执行 "全选" 操作

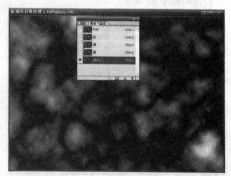

图 11.91　通道图层 "Alpha 1"

（7）设置前景色的颜色值为#675C47，背景色的颜色值为#3C352A，如图 11.92 所示。接着新建一个图层得到 "图层 2"，如图 11.93 所示。

图 11.92　前景色和背景色设置

图 11.93　新建图层 2

（8）选择菜单 "滤镜" → "渲染" → "云彩" 命令，得到类似如图 11.94 所示的效果。

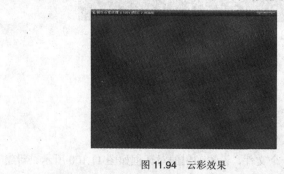

图 11.94　云彩效果

（9）选择菜单"滤镜"→"杂色"→"添加杂色"命令，设置弹出的对话框如图 11.95 所示，得到如图 11.96 所示的效果。

图 11.95　添加杂色参数设置　　　　　　　图 11.96　图层 2 添加杂色图像效果

（10）选择菜单"滤镜"→"渲染"→"光照效果"命令，设置弹出的对话框如图 11.97 所示，得到如图 11.98 所示的效果。

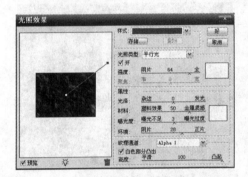

图 11.97　光照效果参数设置　　　　　　　图 11.98　光照设置图像效果

（11）选择菜单"图像"→"调整"→"自动色阶"命令，得到如图 11.99 所示的最终效果。

图 11.99　最终效果图

11.6　制作玻璃纹理

操作步骤如下：

（1）按"Ctrl+N"键新建一个文件，设置弹出的对话框如图 11.100 所示。新建一个图层得到"图层 1"，按"D"键恢复前景色和背景色，如图 11.101 所示。

图 11.100　新建一个文件　　　　　　　图 11.101　前景色和背景色设置

（2）选择菜单"滤镜"→"渲染"→"云彩"命令，得到类似如图 11.102 所示的效果。

图 11.102　云彩效果

（3）选择菜单"滤镜"→"扭曲"→"玻璃"命令，设置弹出的对话框如图 11.103 所示，得到如图 11.104 所示的效果。

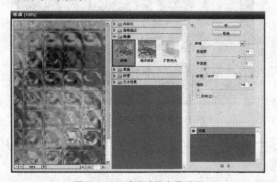

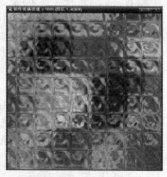

图 11.103　玻璃滤镜参数设置　　　　　　　　　图 11.104　图像效果

（4）选择菜单"图像"→"调整"→"色相/饱和度"命令，设置弹出的对话框如图 11.105 所示，得到如图 11.106 所示的效果。

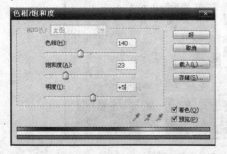

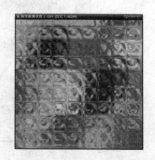

图 11.105　色相/饱和度参数设置　　　　　　　图 11.106　最终效果图

11.7　制作布料纹理

操作步骤如下：

（1）按"Ctrl+N"键新建一个文件，设置弹出的对话框如图 11.107 所示。

图 11.107　新建一个文件

（2）选择菜单"滤镜"→"杂色"→"添加杂色"命令，设置弹出的对话框如图 11.108 所示，得到如图 11.109 所示的效果。

图 11.108　添加杂色参数设置　　　　　　图 11.109　添加杂色图像效果

（3）选择菜单"滤镜"→"画笔描边"→"阴影线"命令，设置弹出的对话框如图 11.110 所示，得到如图 11.111 所示的效果。

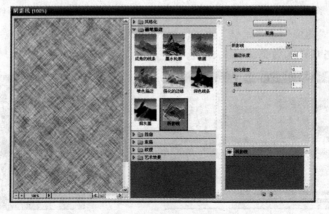

图 11.110　阴影线参数设置

（4）选择菜单"图像"→"调整"→"自动色阶"命令，得到如图 11.112 所示的效果。

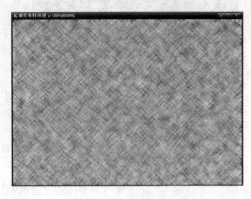
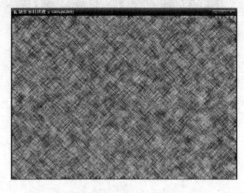

图 11.111　阴影线图像效果　　　　　　　　图 11.112　自动色阶效果

（5）在"图层"面板中，新建一个图层得到"图层 1"。单击工具栏中的"渐变工具"按钮，然后单击属性栏中的渐变颜色条，颜色设置如图 11.113 所示，在文件中以线性渐变方式从左上角向右下角拉出渐变颜色，得到如图 11.114 所示的效果。

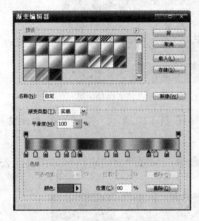

图 11.113　渐变颜色条参数设置　　　　　　图 11.114　渐变效果

（6）选择菜单"滤镜"→"扭曲"→"波浪"命令，设置弹出的对话框如图 11.115 所示，得到如图 11.116 所示的效果。

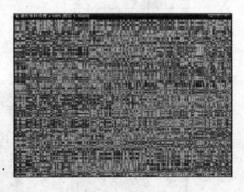

图 11.115　波浪参数设置　　　　　　　　　图 11.116　波浪图像效果

（7）选择菜单"图像"→"调整"→"色相/饱和度"命令，设置弹出的对话框如图 11.117 所示，得到如图 11.118 所示的效果。

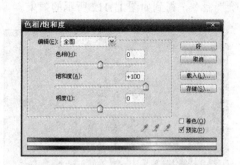

图 11.117　色相/饱和度参数设置

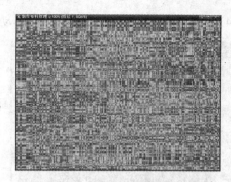

图 11.118　色相/饱和度设置图像效果

（8）设置"图层 1"的混合模式为"颜色"，如图 11.119 所示，得到如图 11.120 所示的效果。

图 11.119　设置混合模式

图 11.120　图层 1 混合模式图像效果

（9）将"图层 1"复制一层，设置其混合模式为"强光"，如图 11.121 所示，得到如图 11.122 所示的效果。

（10）选择菜单"滤镜"→"风格化"→"浮雕效果"命令，设置弹出的对话框如图 11.123 所示，得到如图 11.124 所示的效果。

图 11.121　设置混合模式

图 11.122　强光图像效果

图 11.123　浮雕效果参数设置

图 11.124　浮雕图像效果

（11）将所有图层进行合并，将背景图层复制一层，如图 11.125 所示。选择菜单"滤镜"→"模糊"→"动感模糊"命令，设置弹出的对话框如图 11.126 所示，得到如图 11.127 所示的效果。

图 11.125　复制图层　　　　　　　　　　图 11.126　动感模糊参数设置

图 11.127　动感模糊图像效果

（12）设置图层"背景副本"的不透明度值为 84%，如图 11.128 所示，得到如图 11.129 所示的效果。

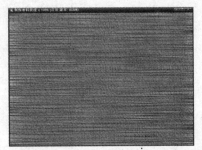

图 11.128　设置不透明度　　　　　　　　图 11.129　不透明度设置图像效果

（13）按"Ctrl+T"键将变形框显示出来，然后单击鼠标右键，在快捷菜单中选择"旋转 90°（顺时针）"命令，如图 11.130 所示，将画面旋转 90°，得到如图 11.131 所示的效果，并将变形框选区拉大到整个画布，然后按"Enter"键确定此操作，得到如图 11.132 所示的最终效果。

图 11.130　选择"旋转 90°（顺时针）"命令　　　　图 11.131　旋转图像效果

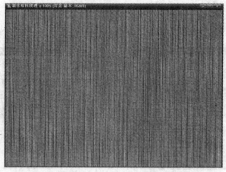

图 11.132　最终效果图

思　考　题

1. 如何用 Photoshop 进行肌理特效制作？
2. 肌理特效制作常用的工具有哪些？
3. 完成书中介绍的肌理特效制作。
4. 制作一种具有特色的肌理特效。

第 12 章　绘　　画

【内容】

绘画艺术是利用 Photoshop 制作图像的重要方法和手段，尤其是绘画出来的图像有时可以给人赏心悦目的效果，有时具有卡通幽默的效果，有时具有逼真、典雅的效果。本章将通过 4 个实例介绍绘画的制作，介绍绘画常用的方法。

【目的】

通过本章的学习，使读者了解利用 Photoshop 制作绘画的基本方法。掌握"滤镜""图层样式""图层""通道"等几种常见工具的使用。

【实例】

实例 12-1: 叶子的绘制。

实例 12-2: 一颗鲜嫩草莓。

实例 12-3: 制作哈密瓜。

实例 12-4: 透明水晶苹果壁纸。

12.1　叶子的绘制

实例效果如图 12.1 所示。

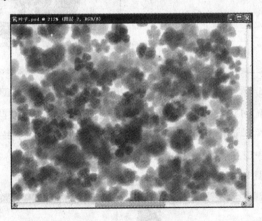

图 12.1　最终效果图

操作步骤如下:

（1）新建一个 1024×768 像素的文档，分辨率定为 72 像素，如图 12.2 所示。

（2）要做一大片树叶，当然要先做一小片叶子。选用钢笔工具，Path/HSB 绘图最简单的部分开始。注意鼠标处，勾选像皮带，有利于准确把握钢笔的走向，如图 12.3 所示。

（3）勾勒出一片叶子的形状，如图 12.4 所示。

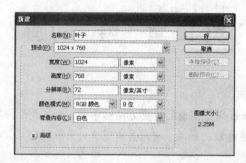

图 12.2　新建一个文档

图 12.3　钢笔工具设置

（4）按"Ctrl＋Enter"键，将路径变成选区，然后新建一个图层，按"D"键切换到黑/白颜色，按"Alt＋Del"键填充当前选区，黑色的底盘出现了。然后在菜单命令上操作：**选择->修改->收缩选区**，15 像素，如图 12.5 所示。

图 12.4　勾勒出一片叶子的形状

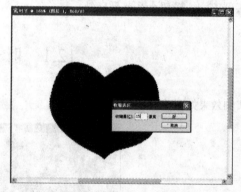

图 12.5　选区调整并填充

（5）然后按"Ctrl＋Alt＋D"键羽化，10 像素（其实一切参数都可以自己选定），按"Ctrl＋Shift＋I"键反选，按"Ctrl＋U"键调出"色相/饱和度"对话框，将明度调到＋88。这一步将叶边和中间的色彩产生一些变化，如图 12.6 所示。

（6）再次利用钢笔工具勾勒叶脉，注意叶脉要错开，如图 12.7 所示。

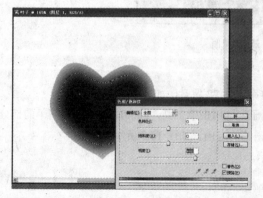

图 12.6　色彩变化

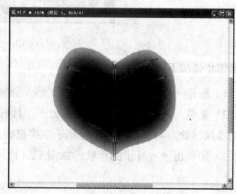

图 12.7　勾勒叶子的叶脉

（7）把路径转换成选区后，再羽化，如图 12.8 所示。

（8）由于选区太小，再羽化 PS 会警告。不管它，选取其实仍然存在，只是看不见蚂蚁线而已，如图 12.9 所示。

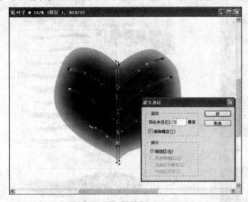 

图 12.8 路径转换成选区并羽化　　　　　　　图 12.9 ps 的警告

（9）按"Ctrl＋U"键，进行色相/饱和度调节，如图 12.10 所示。

（10）调节参数如图 12.11 所示，所以看到叶脉出现。明显是有选区的，不然整个叶子都会变亮。

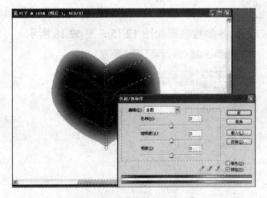 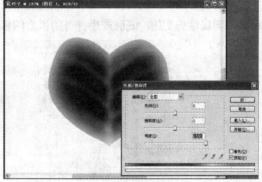

图 12.10 色相/饱和度调节　　　　　　　　　图 12.11 叶脉明度调整

（11）叶边需要再变化一下。重新载入选区、缩小选区。

（12）同样羽化、反选。

（13）注意，现在是反选状态。若再调出"色相/饱和度"对话框，将透明度降低，则可以看到边缘发生了变化，如图 12.12 所示。

图 12.12 树叶 1 成品

（14）看看树叶 1 的成品。

（15）菜单命令：编辑→定义画笔，起个名字叫树叶 1，如图 12.13 所示。

（16）按"B"选笔刷，注意右上角的画笔属性框，选择刚刚定义的画笔，如图 12.14 所示。

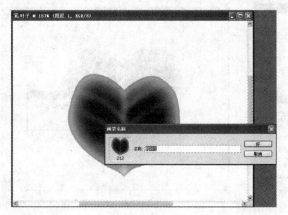

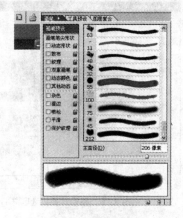

图 12.13　定义画笔　　　　　　　　　　　　　　图 12.14　选择笔刷

（17）调整一下参数，看看参数的内容。这些动态变化，就是让一片叶子变成一大片的"功臣"。其中，重要的参数有，透明度、大小、颜色变化，这些能让笔刷以随机方式出现在勾勒路径的周围，并伴随不同属性的变化，既而产生神奇的拟真随机效果。各参数设置如图 12.15～图 12.18 所示。

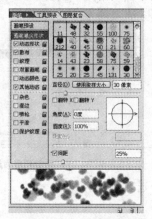

图 12.15　画笔笔尖形状参数设置　　　　　图 12.16　画笔动态形状参数设置

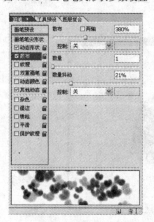
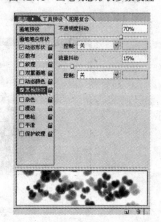

图 12.17　画笔散布参数设置　　　　　图 12.18　画笔其他动态参数设置

（18）选择一种绿色（即设置前景色），使用这个笔刷乱画看看效果。如图 12.19 所示。

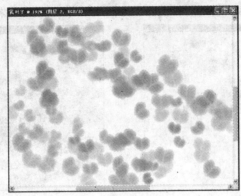

图 12.19　初步树叶 1 效果

（19）明显呆板。可以选择动态颜色→前景/背景抖动，将参数拉大。此操作能让笔刷随机在前景色与背景色之间变化，可以模仿叶子有些绿色、有些黄色或者其他颜色的杂乱效果；再调节笔刷的整体纯度，参数设置如图 12.20 所示。

（20）使用这个笔刷再画画，再看看效果，如图 12.21 所示，效果好多了。

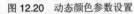

图 12.20　动态颜色参数设置

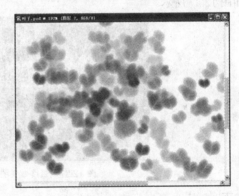

图 12.21　树叶 1 效果

（21）在笔刷属性框的小三角那里重新新增笔刷，将这些属性保存。然后删除原来的画笔。

（22）仅有一种叶子，太单调。可以做另外一种叶子，如图 12.23 所示，其操作步骤大同小异。

（23）第二种叶子的样子，如图 12.24 所示。

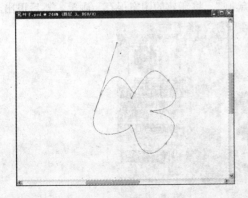

图 12.23　树叶 2 形状

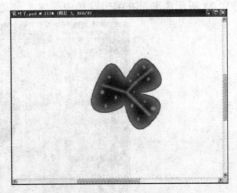

图 12.24　树叶 2 的样子

（24）如法炮制第二种叶子笔刷，使用枯黄色做前景，墨绿色做背景颜色，笔刷描绘的叶子随机出现了颜色变换效果，正是想要的。第二种叶子笔刷画出的样子如图 12.25 所示。

（25）叶子绘制至此结束，使用两种叶子笔刷来画出树叶，最终效果如图 12.26 所示。

 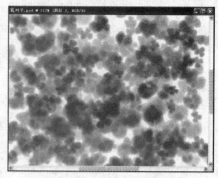

图 12.25　树叶 2 效果　　　　　　　　　　图 12.26　最终叶子效果图

12.2　一颗鲜嫩草莓

实例效果如图 12.27 所示。

图 12.27　最终效果图

操作步骤如下：

草莓的特点就是在于它上面那些上凹凸不平的小坑和坑内的籽点，如果一点点去画很麻烦，通过制作新的画笔可以很方便地画出整齐的点。

（1）打开 Photoshop，新建一个高 10 像素、宽 10 像素、分辨率 72 像素的文件，用钢笔工具画出如图 12.28 所示图形，在编辑菜单中选取"定义笔刷"，将新建的图案保存为画笔，然后退出。

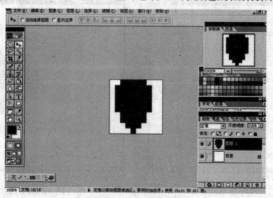

图 12.28　草莓一个籽点形状

（2）新建一个高 100 像素、宽 100 像素、分辨率 72 像素的文件，选择铅笔工具用刚才新建的画笔点出如图 12.29 所示，同样将其保存为画笔，退出。

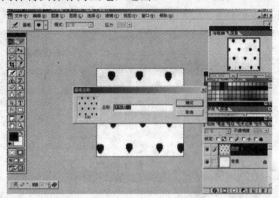

图 12.29　草莓一片籽点形状

（3）新建一个高 700 像素、宽 700 像素、分辨率为 300 像素的文件，用钢笔工具画出如图 12.30 所示的路径（先按几个点的位置连接，后用转换点工具调节成如图 12.30 所示的图形），右击该路径，选择"建立选区"将其转换为选区。

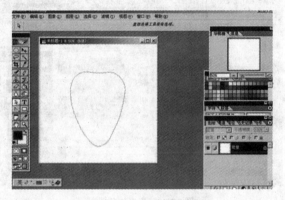

图 12.30　画出草莓形状选区

（4）打开"通道"面板，新建一个 Alpha 通道(点击右下角创建新通道按钮即可)，将前景色设为白色，用油漆桶工具填充选区(不论是在图层或通道中创建的选区，均可互相转换)，选择喷枪工具，用刚才创建的第二个画笔在其上如图 12.31 所示点画。

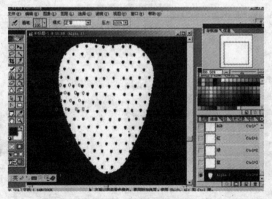

图 12.31　给草莓画籽点

（5）将"Alpha 1"复制两个出来，分别对其进行高斯模糊，模糊值分别为 6 和 4.6，并将这两个通道进行运算。如图 12.32 所示。

（6）回到图层中，新建一个图层，在选区中用深红色填充，打开光照效果滤镜，将纹理通道设为"Alpha 2"，将各项数值设置如图 12.33 所示。

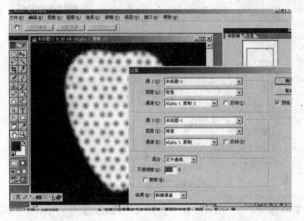

图 12.32　复制两个通道

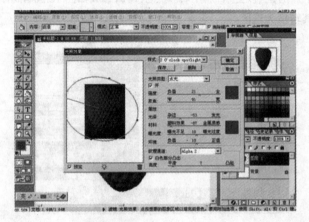

图 12.33　用深红色填充

（7）新建一个通道，将其进行云彩滤镜处理，然后将其与 Alpha 2 进行运算，再对 Alpha 4 进行塑料包装处理，然后将这个通道与图层 1 进行应用图像处理。

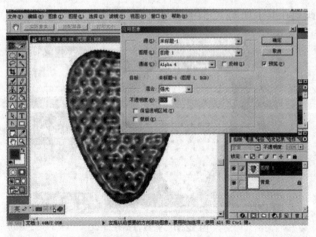

图 12.34　Alpha 4 处理

（8）将"Alpha 1"再复制一次，进行浮雕效果处理。如图 12.35 所示。

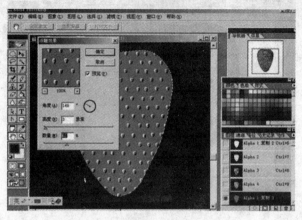

图 12.35　浮雕效果

（9）新建图层，用白色填充选区，将 Alpha1 复制 3 与其进行应用图像处理，后将图层设为正片叠底方式。如图 12.36 所示。

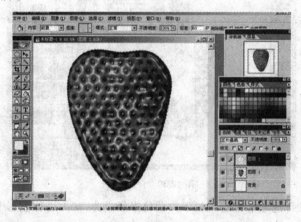

图 12.36　新建一层

（10）在图层 2 中设置选区如下，羽化半径为 30。如图 12.37 所示。

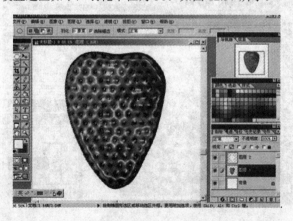

图 12.37　羽化选区

（11）调整曲线如图 12.38 所示。

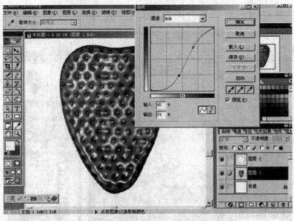

图 12.38 调整曲线

（12）将图层 1 与图层 2 合并后进行球面化处理(这时要取消掉选区)。如图 12.39 所示。

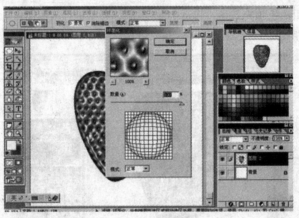

图 12.39 合并图层

（13）在草莓的顶部选取椭圆选区如下，羽化半径设为 40，进行色彩/饱和度调节如图 12.40 所示。

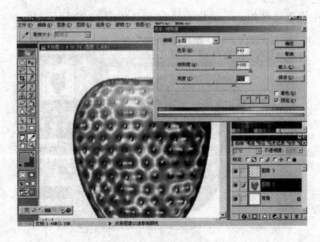

图 12.40 色彩/饱和度调节

（14）再次在偏上位置选取椭圆选区，羽化半径后进行色彩/饱和度调节。如图 12.41 所示。

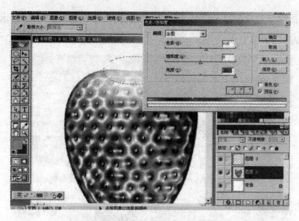

图 12.41 色彩/饱和度再调节

（15）对其多次进行高光处和暗部的色彩/饱和度调节后，得到的效果如图 12.42 所示。主要消除了过多的黑色，提高高光亮度。注意，在色彩/饱和度调节中增大饱和度就可减少阴影中的黑色，因此可用此操作调节草莓的明暗。

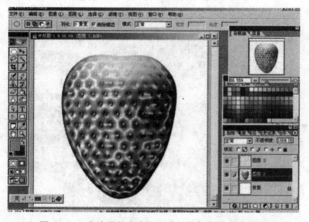

图 12.42 多次进行高光处和暗部的色彩/饱和度调节

（16）新建一个 900×1 000 像素的文件，将草莓拉到此文件中，成为图层 1。将图层 1 旋转后，在背景层中用渐变工具拉出，如图 12.43 所示。

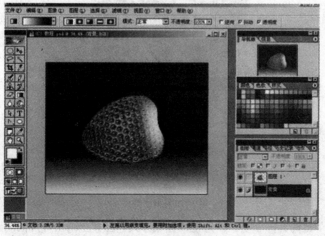

图 12.43 新建背景层

（17）到了叶子的制作了，但这就没有多少技巧性的东西，要靠用画笔来画了。开新层，将 65 号铅笔工具设置画笔压力，将大小设为渐隐方式，值为 60，作出如图 12.44 所示。

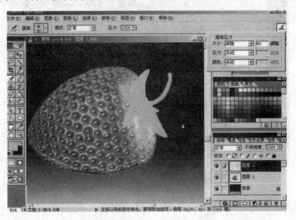

图 12.44　叶子形状

（18）用喷枪工具在上面喷出大体色调如图 12.45 所示(可选取后再喷)。

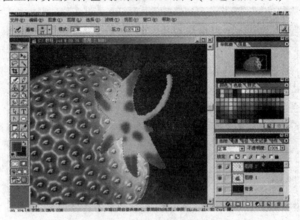

图 12.45　叶子色调

（19）对照完图片，用涂抹工具顺叶片纹理耐心涂抹，直至得出如图 12.46 所示的效果。

图 12.46　叶子效果

（20）在叶片与草莓间开一个层，设为正片叠底方式，在其上画出叶片的阴影，然后将此三层和并复制，对其垂直翻转，图层不透明设为 26，将其移动到合适的位置，就完成了，如图 12.47 所示。

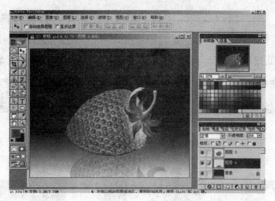

图 12.47　阴影制作

至于水滴的制作，是先用路径工具画出选区后再用喷枪喷边缘，用涂抹工具涂抹出来，多开几个层，设一下图层的透明度，用图片参考或干脆点一滴水在桌上观察，一定能做出真实感强的水来。

12.3　制作哈密瓜

实例效果如图 12.48 所示。

图 12.48　最终效果图

操作步骤如下：

（1）新建一个 640×480 像素的文档，白背景。新建一层，命名为"瓜皮"，用矩形选框在画布中间画个大椭圆，填充浅绿色(159/182/115)，如图 12.49 所示。

（2）将选区储存为 Alpha 1。取消选择，双击"瓜皮"层，选择内发光：混合模式为正片叠底，不透明度 85%，颜色 66/82/36，大小 8。如图 12.50 所示。

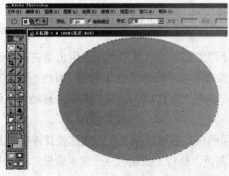

图 12.49　新建"瓜皮"层

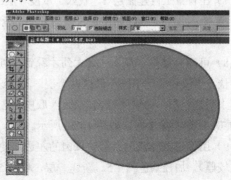

图 12.50　设置"瓜皮"层图层样式

（3）在背景上新建一层，将"瓜皮"层向下和这个空图层合并变为普通层，用钢笔勾出上半部不要的部分，删除。这部分是瓜肉，可不要勾得太光滑了。如图 12.51 所示。

（4）用像皮擦修整瓜皮的左边，再用加深工具涂抹，添加 2%杂色。如图 12.52 所示。

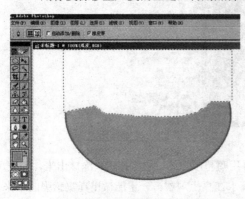

图 12.51　删除部分瓜皮　　　　　　　　　图 12.52　修整瓜皮的左边

（5）由于瓜的弧度，瓜皮的下部会看到一些的，不可偷懒。进入通道，新建 Alpha 2，填充 50%灰色，加 10%杂点，执行晶格化，大小为 15，再执行查找边缘，按"Ctrl+L"键调出色阶，将黑色滑块往右接到尽头。如图 12.53 所示。

（6）用魔棒选中黑色，回到图层，在背景上新建图层 1，填充(200/179/154)。取消选择，载入 Alpha 1 选区，数量为 60，按"Ctrl+F"键再执行一次，反选删除，取消选择 (这时隐藏了瓜皮)。如图 12.54 所示。

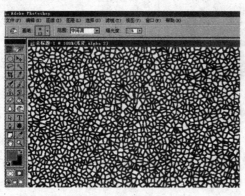
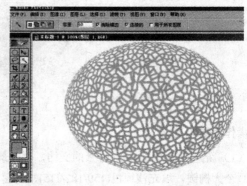

图 12.53　瓜皮的下部处理　　　　　　　　图 12.54　在背景上新建图层

（7）在背景上再建图层 2，载入"瓜皮"层的选区，填充(89/110/60)，取消选择，向下移动几个像素。选择图层 1，也同样向下移动几个像素，载入图层 2 的选区，反选删除。如图 12.55 所示。

（8）可能会觉得，费了这么大劲才看到一点月牙形的东西，效果不大或者用画笔去涂，但这样未必会快，想快和易就干脆不做这两个层。其实这个纹理层在后面还有点作用的，因此不要合并。在瓜皮层上新建一层，命名"瓜肉"，载入瓜皮的选区，填充(236/171/95)。将选区向上移动几个像素，羽化约 7，反选删除 2 次。如图 12.56 所示。

（9）用像皮擦降低压力修整瓜肉的左边，使下层的瓜皮显露出来（因为这部位是连接瓜藤的，皮会比较厚）。加轻杂色约 1.5。新建一层，填充 50%灰色，执行"滤镜"→"艺术效果"→"海绵"，大小 1，定义 2，平滑 2。然后载入瓜肉的选区，反选删除，将混合模式设为"叠加"，降低不透明度为 70%，向下合并到"瓜肉"层。这时会发现，向下合并后图像变化了，在瓜肉的下沿出现一圈浅灰色。原来叠加是将下面所有的图层都叠加了，看不到不要紧，看得到反而表明存在问题，瓜皮被叠加后变深，而瓜肉下沿是羽化的，因此出现了灰色圈。在合并之前，按"Ctrl+G"将图层和瓜肉层编组，再合并就可以了。如图 12.57 所示。

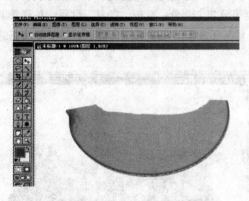

图 12.55　在背景上再建图层

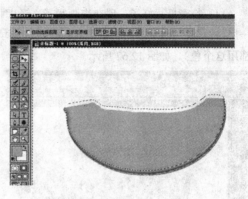

图 12.56　新建"瓜肉"层

（10）这时瓜肉的纹理还不够，再建一层，按"D"键复位色板后执行云彩，再执行查找边缘，调出色阶加深黑色，图层混合模式设为"颜色加深"，适当调低透明度，再按"Ctrl+G"将图层编组，向下合并。如图 12.58 所示。

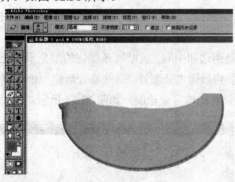

图 12.57　瓜肉下沿效果图

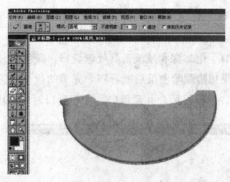

图 12.58　瓜肉的纹理

（11）处理瓜肉的上部，用钢笔勾出选区。光源是在左上来的，确定了明暗的位置，用加深和减淡工具在选区内涂抹。如图 12.59 所示。

（12）反选，也处理一下这边的选区。如图 12.60 所示。

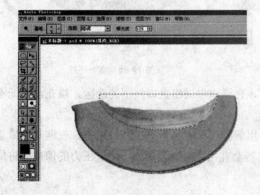

图 12.59　勾出瓜肉上部的选区

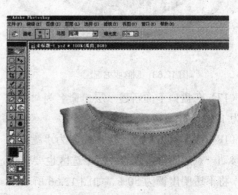

图 12.60　处理瓜肉的反选选区

（13）觉得满意后取消选择，用模糊工具模糊一下边界。新鲜切开的瓜有水份，新建一层，用画笔点些白点作为反光，如果觉得画笔不好使，可用滤镜做出一些很小的碎片，方法就象前面第（9）步做瓜肉的纹理一样，然后用像皮擦将不要的地方擦掉。调整好不透明度，合并到瓜肉。如图 12.61 所示。

（14）哈密瓜画好了，现在来画盘子。考虑将盘子分 3 个部分：盘口、盘身、盘底。在背景上新建一层，命名"盘口"，用椭圆工具拉个选区，填充颜色（参考：76/91/122，以下盘子需要填充的部分都用这个色）。如图 12.62 所示。

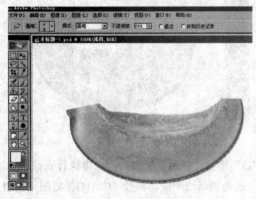

图 12.61　新建水份层

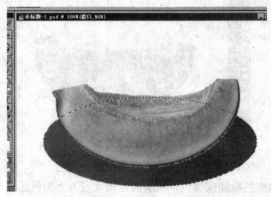

图 12.62　新建"盘口"层

（15）将选区储存起来后，收缩约 7 像素，删除。也将这个内圈选区储存。如图 12.63 所示。

（16）用加深和减淡工具处理盘口，深色部分是两边和中间。被哈密瓜挡住的部分不用处理，当然，如果想隐藏哈密瓜后能看到一完美的盘子，就要将后面也处理好。高光部分新建一个层用白色画笔来涂，修改好后合并到盘口。处理盘口时可调出储存的选区来辅助。如图 12.64 所示。

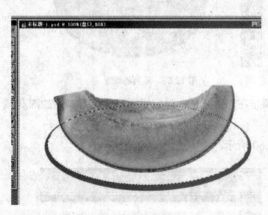

图 12.63　删除收缩选区

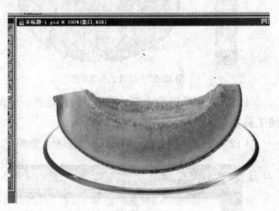

图 12.64　高光处理

（17）在盘口下面新建一层，命名为"盘身"，在通道中调出盘口外围的选区，填充，降低不透明度为 12%。如图 12.65 所示。

（18）在盘身上新建一层，命名为"盘底"，用椭圆在盘中拉个小椭圆，填充，收缩几个像素，向下移动一点后删除。这内外两个选区也要储存，等会儿用来辅助画高光。用低压力的像皮擦将局部擦淡，将不透明度调为 50%。如图 12.66 所示。

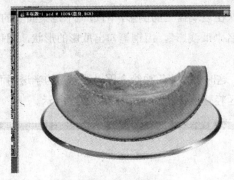

图 12.65　新建"盘身"层

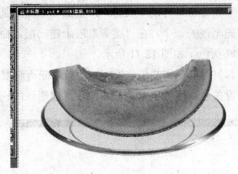

图 12.66　新建"盘底"层

（19）新建一层画出盘底的高光，顺便将盘身的一点高光也画出来。由于这时背景色很浅，对比度低，因此这张图看不出高光的具体形状，不要紧，这一层不要合并，给其命名，最后如果发觉不满意，可修改。如图 12.67 所示。

（20）盘子也画好后，剩下阴影。玻璃的阴影比较复杂，要细心来处理。在背景上新建一层，命名为"盘影"，用椭圆拖出选区，羽化后填充。将图像稍微向右下旋转一下，用选择→变换选区，将选区两边收窄一些，并反选，降低选区的亮度。再反选，新建一层，填充白色，将选区收缩和向上微移，并删除，得到阴影的高光。取消选择，将高光层合并到"盘影"层。

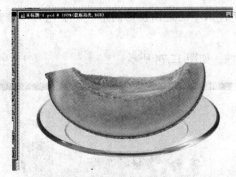

图 12.67　"盘底"高光处理

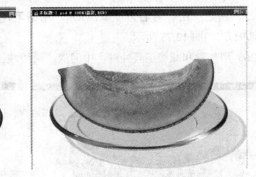

图 12.68　新建"盘影"层

（21）玻璃盘身在正面看得到一点，刚才忘记画了，现在补画。在盘身上建一层，画椭圆调到合适的位置，并填充。只要盘口下的那一点，上面的删除。如图 12.69 所示。

（22）降低图层的不透明度为 30%，点击图层浮动选区，新建一层，填充白色，将选区向上移动，并删除。将这两个图层都合并到"盘身"层。这时高光依然看不出来，可它是存在的。如图 12.70 所示。

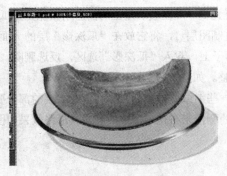

图 12.69　看到的玻璃盘身层

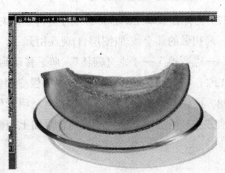

图 12.70　合并"盘身"层

（23）哈密瓜有两个投影，瓜正面一个深，是映在玻璃盘上的倒影，右边一个是桌面上的投影，较浅。先画浅的一个，在"盘影"层上建一层，命名"瓜浅影"，用钢笔勾出瓜影的形状，羽化 1，填充 50%灰色。如图 12.71 所示。

（24）对瓜影作些局部模糊，适当降低透明度，这时"盘影"边缘会因"浅影"的半透明而显露出来，没关系，用低压力的像皮擦在"浅影"的选区轻轻擦掉就好了。如图 12.72 所示。

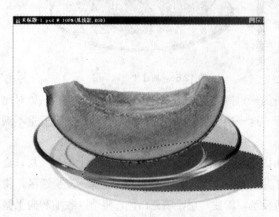
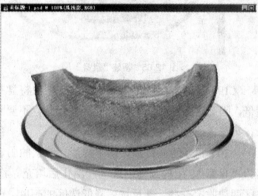

图 12.71　新建"瓜浅影"层　　　　　　　图 12.72　处理"瓜浅影"层

（25）新建一层，命名为"瓜深影"，用钢笔在瓜下面勾出倒影的形状，羽化 1，填充棕色 (127/108/91)。如图 12.73 所示。

（26）用加深和减淡工具处理，中间深，两边浅。如图 12.74 所示。

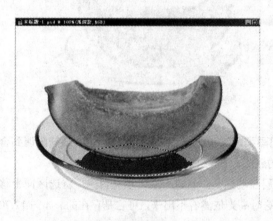

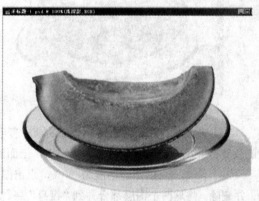

图 12.73　新建"瓜深影"层　　　　　　　图 12.74　处理"瓜深影"

（27）物体在玻璃上的投影象镜子，特别是对近距离，瓜在玻璃盘上的倒影稍微能见到瓜的颜色和纹理，最初做的那个纹理(图层 1)现在用到了，复制图层 1，将它放在"瓜深影"层的上面，执行"编辑"→"变换"→"垂直翻转"，向下移动到影子上，载入"瓜深影"选区，反选删除，降低不透明度 12%，中间暗部看不出纹理的，用像皮擦修整。如图 12.75 所示。

（28）操作基本完成。观察整体，再对阴影作一些细微处理，如阴影和盘底相接的部分要暗些，对背光地方作一些加深。最后，可为背景加上轻微的颜色来衬托图像中的高光。最终效果如图 12.76 所示。

图 12.75 "瓜深影"的颜色和纹理

图 12.76 最终效果图

12.4 透明水晶苹果壁纸

这张效果图是在某网站的一个网页上看到的，现将制作过程介绍给大家。实例效果如图 12.77 所示。

图 12.77 最终效果图

操作步骤如下：

（1）新建一个白色背景的 550×400 像素的文档。选择渐变工具，编辑渐变色，在背景上水平方向拉出线性渐变。如图 12.78 所示。

（2）新建图层 1，用钢笔勾出一个不是很规则的椭圆作为苹果的形状，转为选区后，用自己喜欢的颜色在选区中拉出径向渐变，如图 12.79 所示。

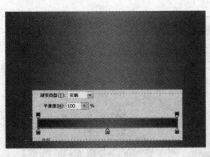

图 12.78 线性渐变

图 12.79 勾出苹果形状

（3）新建一层(如无特别说明，新建的图层就建在刚才工作的图层上面)，选择椭圆选框工具在苹果上部画个小椭圆，羽化 3～4，填充浅灰色，用变换选区将选区收缩些，向左上移动几个像素，并删除。设置图层混合模式为颜色减淡。如图 12.80 所示。

（4）新建图层，用钢笔工具勾出苹果上小把子的形状，填充棕色，收缩选区 1 像素，羽化 1，用减淡工具处理边缘，再用白色画笔点出高光。如图 12.81 所示。

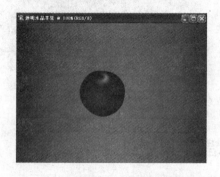

图 12.80　苹果上部图层效果　　　　　　　　图 12.81　苹果上小把子

（5）新建图层，用钢笔工具勾出苹果上半部高光的形状，转为选区后填充白色。如图 12.82 所示。

（6）复制这一层为副本，选择副本层，载入图层选区后收缩选区约 15 像素，羽化 10，并删除，降低副本层透明度为 50%。选择原图层，降低图层透明度为 25%。如图 12.83 所示。

图 12.82　勾出苹果上半部并填充　　　　　　图 12.83　复制苹果上半部图层

（7）在苹果(图层 1)上新建一层，用钢笔工具勾出下部透光部分的形状，羽化约 10，填充浅灰色。如图 12.84 所示。

（8）取消选择，设置图层混合模式为颜色减淡。复制这一层，用自由变换缩小来增强中心的反光。如图 12.85 所示。

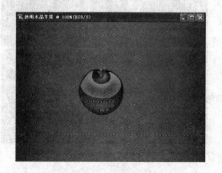

图 12.84　勾出苹果下部分　　　　　　　　　图 12.85　增强中心的反光

（9）在最上面新建图层画叶子。用钢笔工具勾出形状，转为选区，填充绿色，将选区向上移动几个像素，羽化约 3，反选，用减淡工具将叶子下边擦淡。如图 12.86 所示。

（10）取消选择后载入叶子的选区，用稍深点的绿色描边 1 像素。如图 12.87 所示。

图 12.86 新建叶子图层

图 12.87 给叶子描边

（11）新建图层，用钢笔工具勾出叶脉，填充白色，适当调整透明度，如图 12.88 所示。

（12）新建图层，载入叶子选区，将选区向下移动 1 像素，填充白色，用钢笔工具将下部勾出删掉，用蒙板拉出渐隐。如图 12.89 所示。

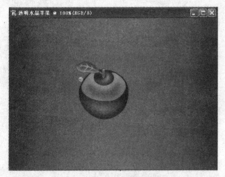
图 12.88 勾出叶脉

图 12.89 叶子下部边缘效果

（13）复制叶子层，放到叶子层的下面，向下移动几个像素，高斯模糊约 3，通过载入苹果选区反选删除多余部分，适当调整透明度。如图 12.90 所示。

（14）投影部分，在背景上新建一层，用椭圆工具画个小椭圆，羽化约 4，填充苹果的颜色。如图 12.91 所示。

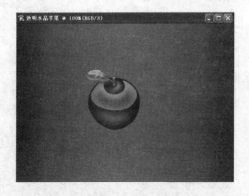
图 12.90 叶子影子效果

图 12.91 苹果投影层

（15）复制投影层，用自由变换缩小，设置图层混合模式为颜色减淡。如图 12.92 所示。

（16）操作基本完成，再处理一下背景。在背景上新建一层，用椭圆工具拉出个大椭圆，羽化大些，可设为 20～30，填充灰色，图层混合模式为颜色减淡。如图 12.93 所示。

图 12.92　苹果投影效果　　　　　　　　　图 12.93　最终效果图

思　考　题

1. 如何用 Photoshop 进行绘画？
2. 绘画常用的工具有哪些？
3. 完成书中介绍的绘画实例。
4. 完成一幅绘画作品。

参考文献

[1] 甘登岱，郭玲文，白冰等.Photoshop CS 教程.北京：电子工业出版社，2004.

[2] 罗马尼罗. Photoshop CS 从入门到精通.魏海萍,等译.北京：电子工业出版社，2004.

[3] 刘军.精通 Photoshop CS.北京：清华大学出版社，2004.

[4] Adobe 公司.Adobe Photoshop CS2 中文版经典教程.袁国忠,译.北京：人民邮电出版社，2010.

[5] 王轶冬.Photoshop CS 平面视觉特效设计精粹.北京：北京希望电子出版社，2005.

[6] 杨玉川.Photoshop CS 精彩创意.北京：机械工业出版社，2004.

参考文献

[1] 甘登岱、郭玲文、白冰等.Photoshop CS 教程.北京：电子工业出版社，2004.

[2] 罗马尼罗.Photoshop CS 从入门到精通.魏海萍 等译.北京：电子工业出版社，2004.

[3] 刘军.精通 Photoshop CS.北京：清华大学出版社，2004.

[4] Adobe 公司.Adobe Photoshop CS2 中文版经典教程.袁国忠.译.北京：人民邮电出版社，2010.

[5] 王轶冬.Photoshop CS 平面视觉特效设计精粹.北京：北京希望电子出版社，2005.

[6] 杨玉川.Photoshop CS 精彩创意.北京：机械工业出版社，2004.